海泡石
工业应用技术

胡夏一　张　瑞　曾召刚　等 编著

化学工业出版社

·北京·

内 容 简 介

　　《海泡石工业应用技术》共分 4 章。第 1 章海泡石概论，主要介绍了海泡石的基本信息、性质与化学组成，海泡石的国内外应用现状。第 2 章海泡石预处理研究，从海泡石的性质出发，讲述了海泡石的提纯、改性和功能化方法，还详细介绍了海泡石的吸附性能和机理。第 3 章海泡石用途，主要详细讲述了海泡石在各方面的广泛应用，主要包括海泡石吸附性能应用，海泡石增稠、流变及悬浮性能应用，海泡石催化性能应用，海泡石填料性能应用。第 4 章其他黏土矿物性质及应用，主要介绍了海泡石同族或其他与海泡石相类似的黏土矿物的基本性质、晶体结构、特性及应用，包括凹凸棒石（坡缕石）、膨润土、高岭土、伊利石。附录列有海泡石、海泡石空气净化剂、饲料原料 海泡石等相关标准与测定方法。

　　《海泡石工业应用技术》可供化工、材料、矿物加工等领域工程技术人员、科研人员使用，也可供高等院校相关专业师生参考。

图书在版编目(CIP)数据

　　海泡石工业应用技术/胡夏一等编著. —北京：化学工业出版社，2021.7（2022.4重印）
　　ISBN 978-7-122-38905-3

　　Ⅰ.①海…　Ⅱ.①胡…　Ⅲ.①海泡石-应用-工业生产　Ⅳ.①P578.94②T

　　中国版本图书馆 CIP 数据核字（2021）第 063347 号

责任编辑：丁建华　　　　　　　　　　　　　装帧设计：关　飞
责任校对：杜杏然

出版发行：化学工业出版社（北京市东城区青年湖南街 13 号　邮政编码 100011）
印　　装：北京捷迅佳彩印刷有限公司
787mm×1092mm　1/16　印张 9½　字数 166 千字　　2022 年 4 月北京第 1 版第 2 次印刷

购书咨询：010-64518888　　　　　　　　　　售后服务：010-64518899
网　　址：http://www.cip.com.cn
凡购买本书，如有缺损质量问题，本社销售中心负责调换。

定　　价：68.00 元

　　海泡石是一种具有层链状结构的富镁硅酸盐天然黏土矿物，属于海泡石-坡缕石族，是特种稀有非金属矿物，孔径统一、比表面积大，具有吸附、催化、脱色、耐高温、耐腐蚀等性能，被广泛应用于吸附剂、环境除臭剂、脱色剂、涂料、化妆品、橡胶填料、动物饲料等领域。海泡石以其低廉的价格、大的比表面积、特殊的孔径结构等优势受到越来越多的关注。据统计，海泡石用途多达130多种，是用途最广的非金属矿物原料之一。

　　天然海泡石普遍品位较低，需要对海泡石进行改性，才能发挥其优良性能。随着对海泡石研究的不断深入，经过各种方法改性的海泡石在重金属吸附、有机污染物吸附、多相催化等方面具有广阔的应用前景，有很大的可开发性。今后，研究提升海泡石性能的处理方法、开拓其应用范围，将会成为研究开发的主流选择。

　　作为海泡石矿物研究者，笔者根据对海泡石进行的科研以及工程实践经验，编写了本书，专门为海泡石提供了专业和全面的知识介绍。它介绍了海泡石的基本性质、预处理方法、工业和生产生活中的应用及其他相关天然黏土矿物，以及海泡石材料的相关标准。

　　本书共分4章。第1章海泡石概论，主要介绍了海泡石的基本信息、性质与化学组成，海泡石的国内外应用现状。第2章海泡石预处理研究，从海泡石的性质出发，讲述了海泡石的提纯、改性和功能化方法，还详细介绍了海泡石的吸附性能和机理。海泡石作为具有优良性能的天然黏土矿物，它的用途不仅仅局限于作为吸附剂，因此，第3章海泡石用途，主要详细讲述了海泡石在各方面的广泛应用，主要包括海泡石吸附性能应用，海泡石增稠、流变及悬浮性能应用，海泡石催化性能应用，海泡石填料性能应用，对每一部分的内容都进行了详细的介绍，以便读者对海泡石能够了解得更加全面。第4章其他黏土矿物性质及应用，主要介绍了海泡石同族或其他与海泡石相类似的黏土矿物的基本性质、晶体结构、特性及应用，包括凹凸棒石（坡缕石）、膨润土、高岭土、伊利石。此外，在附录部分列出了海泡石、海泡石空气净化剂、饲料原料 海泡石等相关标准与测定方法。

本书的作者主要是来自湘潭大学、湘潭海泡石科技有限公司的一线科研人员，对相关的领域有一定的研究经验积累和较为深入的理解。全书由胡夏一教授统筹规划，由胡夏一、张瑞、曾召刚等编著，常娜娜、张一鸣、费明铭、黄奇新、周勇、谭建杰、欧阳东红、陈龙、喻浩然、龚玲婷、彭少炼、廖祥、杨婧源也参与了本书的编写工作。相信本书的出版不仅对海泡石黏土矿物领域的研究人员、技术人员、研究生有所借鉴，也会对相关领域的科研、技术人员有参考价值。本书在编写和出版过程中得到了湘潭海泡石科技有限公司的大力支持和资助，在此一并表示感谢。

　　尽管我们试图涵盖海泡石预处理与工业应用的诸多方面，限于编者的水平以及经验，不足和疏漏之处在所难免，敬请读者批评指正！

胡夏一

2021 年 4 月

目录

第3章 海泡石用途 / 048

第4章　其他黏土矿物性质及应用 / 092

附录 / 111

第1章

海泡石概论

海泡石（sepiolite，SEP）是一种纤维状的含镁硅酸盐黏土矿物，近年来被广泛投入生产使用。目前，海泡石黏土矿的探明储量约为3000万～4000万吨，主要分布于西班牙、土耳其、中国、法国等国家。我国近年来，先后在湖南、江西、河南、安徽、湖北、内蒙古等十多个省、自治区发现了海泡石族矿物。特别是相继在湖南省浏阳、湘潭、湘乡、石门等县市发现海泡石矿床（点）19处。湖南将成为我国海泡石黏土矿产基地。近年来，科研机构、高等院校各单位的地质、化工、建材、冶金等部门，先后从矿床成因、地质特征、基本性质、分离纯化、主要用途及技术经济评价等多方面做了许多工作，并取得了较好的效果，为充分开发利用海泡石的优良性能奠定了基础[1]。

1.1 基本信息

海泡石早已为人们所知。最早使用海泡石（sepiolite）这一名称的是Glocker[2]，来源于希腊语，原意是乌贼，乌贼有一层质轻且多孔的石灰质内壳，海泡石与其相像，故以此命名；此外，海泡石因其质量较轻且多孔，能够漂浮在水上，称为"海的泡沫"，即为海泡石。

海泡石的基本信息介绍见表1-1。

表 1-1　海泡石基本信息

项　　目	海泡石基本信息	项　　目	海泡石基本信息
英文名称	sepiolite	应用	制备矿物吸附剂、催化剂等
类别	含水的镁硅酸盐黏土矿物	我国分布	湖南等地
化学式	$Mg_8Si_{12}O_{30}(OH)_4(H_2O)_4 \cdot 8H_2O$	结构	互相平行的晶层构成
矿物密度	$2\sim2.5g/cm^3$		

海泡石属于斜方晶系或单斜晶系，化学式为 $Mg_8Si_{12}O_{30}(OH)_4(H_2O)_4 \cdot 8H_2O$[2]，是含水硅酸盐矿物，硅和镁是主要的化学成分。海泡石的化学组成中 SiO_2 占54%～60%，MgO 为21%～25%，还含有部分 H_2O，并且一般含有少量的铁、锰等元素。海泡石颜色多变，通常为白色、浅灰、浅黄等，它的新鲜面呈现出珍珠光泽，当风化后变为土状光泽[3]。海泡石的外观形态多为土状、块状或纤维状。

在干燥状态下，海泡石性脆、收缩率低、可塑性好、比表面积大、吸附性强、质轻。主要产于海相沉积-风化改造型矿床中；亦出现于热液矿脉中。海泡石性能较好，具有极强的吸附、脱色和分散等性能，亦有极高的热稳定性，耐高温性可达 1500～1700℃[4]，造型性、绝缘性、抗盐度都非常好[5]。

1.2　成矿机理和类型

海泡石从成因角度分为淋积-热液型海泡石（α-海泡石）和沉积型海泡石（β-海泡石）[6]。β-海泡石黏土矿又可分为陆相沉积矿床和海相沉积矿床两类，湖南浏阳、湘潭、湘乡、石门等地的海泡石黏土矿床均属于海相沉积型矿床，赋存于早二叠系下统栖霞组。按风化情况又可分为原生沉积矿（原岩型）与风化残余矿（黏土型）两种。黏土型主要矿物为海泡石，脉石矿物主要有滑石、方解石、石英等。湘潭海泡石属于黏土型矿物，呈黏土状，纤维较短，长度多在 1.5μm 以下。湘潭海泡石不同品位原矿的扫描电镜（SEM）照片如图 1-1、图 1-2 所示。

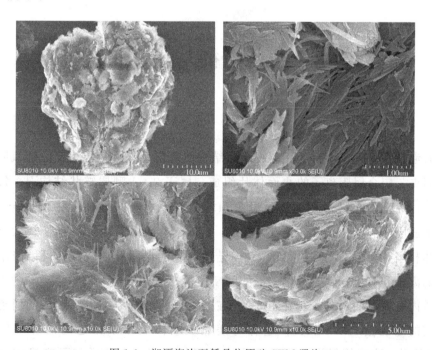

图 1-1　湘潭海泡石低品位原矿 SEM 照片

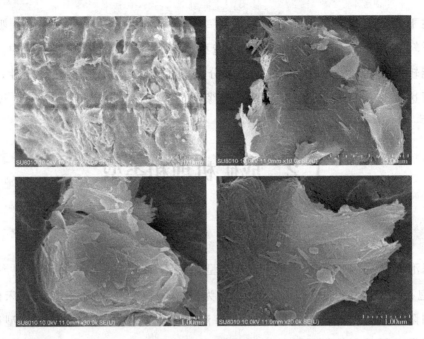

图 1-2　湘潭海泡石高品位原矿 SEM 照片

从图 1-1 和图 1-2 可以看出，在高倍镜下湘潭海泡石原矿呈现短片状纤维结构，胶黏成团絮状。这样的结构也使得它具有极大的比表面积和孔容积，具备良好的吸附性能。

1.3　结构特征与化学组成

海泡石是由互相平行的晶层构成，结构单位层系是由两层相反的硅氧四面体片中间夹一层金属阳离子的八面体片组成，属于 2∶1 型层链状结构[7]，每层硅氧四面体片有六个硅氧四面体，位于顶端的氧原子与八面体片中的 Mg^{2+} 相连接，组成层厚为 6.15Å（1Å $=10^{-10}$ m，下同）的结构单位层，宽度和六个硅氧四面体相当，海泡石的结构见图 1-3。结构单位的层间孔道较宽，可以吸附一些较大的离子和有机物。二氧化硅层的间断使得海泡石形成了结构孔道和通道，这些孔道内有大量的水分子（孔道水）；在外表面，沿着纤维边缘形成的通道分布着丰富的硅羟基（Si—OH）；还有与镁氧八面体氧原子相连的向外部伸出的 —OH基团。这些使得海泡石具有丰富的活性位点，水分子与可交换的阳离子

K^+、Na^+、Ca^{2+}等位于其中，其阳离子交换量（CEC）在$20\sim45mg/g$。

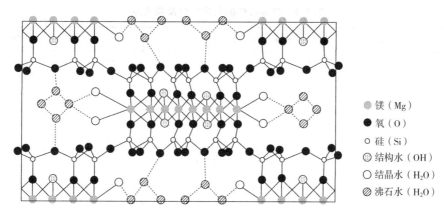

图1-3　海泡石结构示意图[8]

●镁（Mg）
●氧（O）
○硅（Si）
⊕结构水（OH）
○结晶水（H₂O）
⦸沸石水（H₂O）

海泡石理论总表面积高达$800\sim900m^2/g$，其中孔道表面积为$500m^2/g$，通道表面积为$400m^2/g$[9]。海泡石这种独特的结构使其具有很大的比表面积和孔容量，以及较强的吸附性能和分子筛功能。

海泡石中一般都含有铝、铁、铜和少量的钙、锰、铬、钾、钠等杂质。海泡石的产地不同，化学组成也有所差异，工艺性能数据也有所差别。以湖南海泡石为例，浏阳永和、湘潭石潭、石门陈家湾海泡石矿的性能数据如表1-2所示[1]。

表1-2　不同海泡石矿性能数据对照

矿区及类型	化学成分/%				工艺性能			物理性质		
	SiO₂	MgO	Al₂O₃	CaO	造浆率/（m³/t）	脱色力		胶质价/%	吸蓝量/（g/100g）	膨胀倍数
						原土	活化土			
浏阳永和黏土矿	46.90	13.03	3.25	14.54	7.16	95	286	84.84	6.00	4.31
湘潭石潭黏土矿	48.23	10.15	3.95	15.51	7.57	63.5	143.9	90.0	6.57	4.35
石门陈家湾风化矿	46.20	16.37	5.72	9.89	8.43	63.90	144.99	51.97	0.03	4.93

湖南几个海泡石矿床的主要矿物成分如表1-3所示[1]。

表1-3　主要矿物成分　　　　　　　　　　　　单位：%

产地	海泡石	滑石	石英	方解石	其他	备注
浏阳永和矿	40	30	20	5	5	化工院实验原矿
湘乡龙洞矿	19.2	17.4	31.0	29.0	3.4	平均数据
石门陈家湾矿	10~30	35	20	2~15	少量	Ⅰ号矿体风化型样

湖南几处海泡石矿物的化学成分及烧失量见表1-4[1]。

表1-4 海泡石矿的化学成分及烧失量 单位：%

产 地		SiO$_2$	MgO	CaO	Al$_2$O$_3$	Fe$_2$O$_3$	烧失量
浏阳永和矿	原岩型	31.73	11.44	26.52	1.55	0.51	22.41
	黏土型	46.9	13.03	14.54	3.25	1.25	11.78
	全风化型	61.07	19.30	0.65	3.73	1.43	
	研究取样	60.80	16.83	3.58	1.31	3.16	11.7
湘潭石潭矿		48.23	10.15	15.51	3.95	1.32	12.33
湘乡龙洞矿		48.28	12.25	15.21	4.13	1.26	
石门陈家湾矿	风化型	54.21	14.46	4.53	7.53	1.48	
	半风化型	30.84	10.74	27.52	1.82	1.17	11.23
	原岩型	35.79	15.31	21.59	2.56	0.52	18.48

1.4 工业应用及开发

1.4.1 海泡石的用途

海泡石在我国早年是作瓷器的耐火匣钵和耐火硅用（江西景德镇），后在浏阳也被当地农民作烧砖瓦的原料。随着人们对海泡石的逐步了解，其用途随之扩大。据统计，海泡石用途多达130多种，是用途最广的非金属矿物原料之一。目前海泡石黏土矿产品的应用领域和主要用途见表1-5。

表1-5 海泡石黏土矿产品的应用领域和主要用途

应用领域	主要用途
石油精炼	吸附剂、脱色剂、过滤剂
酿造、食品	化工、制糖、酿酒
医药	离子交换剂、净化剂、发亮剂
陶瓷	珐琅质原料环保颗粒去污剂和吸附剂
铸造	涂料悬浮剂、型砂黏结剂
硅酸盐	高镁耐火材料的特殊耐高温涂层优质原料

应用领域	主要用途
塑料	发泡灵、脱色剂
建筑	隔声、隔热材料，涂料
橡胶	特殊充填剂
电焊条	焊药配料
轻纺和化工	催化剂、悬浮剂、增稠剂和触变剂
制烟	香烟滤嘴原料
特种用纸	催化载体和吸附剂
国防现代科学	原子能、火箭、卫星等的特殊陶瓷部件
农业	杀虫剂、土壤消毒载体原料、特殊动物药剂、家畜垫圈
工艺品	雕刻工艺品、装饰物及生活用品
烟斗	精巧细致烟斗工艺品
钻井	抗盐、抗高温的特殊泥浆
摩擦材料	陶瓷刹车片填料

天然海泡石是重要的矿产之一，从表 1-5 可以看出，其产品广泛应用于轻工、建材、化工、冶金、农牧业、国防等许多领域。除此之外，海泡石在其他领域的用途也正在不断拓宽，其中吸附剂、钻井泥浆、涂料、饲料添加剂、橡胶填料、干燥剂等深加工产品的开发利用大大增强了海泡石的市场潜力。

① 吸附剂　海泡石独特的结构和性质，使其具有比任何其他黏土矿物都好的吸附性。湖南非金属矿公司长沙市海泡石制品厂利用海泡石对污浊气体的高吸附能力和大吸附范围等特点，生产出"王"牌冰箱除臭剂，其吸附率比活性炭除臭剂提高 5%～30%，"王"牌冰箱除臭剂优于日本的以活性炭为主要原料的"白云牌"除臭剂，现市场售价 4.32 元/100g，利润率 40%左右。它对环境除臭也很有效，如用 $40g/m^3$ 的海泡石可使环境中氨气浓度由 $100\mu L/L$ 降到 $18\mu L/L$。

② 钻井泥浆　海泡石黏土抗盐性能好、热稳定性高（350℃对晶格结构不改变），且是一种适应性强的触变增黏剂，是理想的钻井泥浆原料，近年来我国浏阳海泡石黏土用于江汉油田，使泥浆成本平均下降 15～20 元/m^3，降低成本 22.6%。经鉴定：使用海泡石，能改善泥浆在环形空间的流态，提高泥浆携带能力，增强造壁性，有利于安全钻井，使用更加方便，效果较好且廉价易得，具有特殊的经济效益。测试表明：海泡石黏土用在淡水、各种浓度盐水和海水中造浆性能良好，在饱和盐水中造浆率已达到或超过美国石油公司 OCMA 和石油学会 API 标准。

③ 涂料　湖南省地质矿产局 402 地质队采用永和海泡石作主填料，以 PVA

（聚乙烯醇）为黏结剂研制出 SP-01 型内、外墙涂料，各项性能均已超过或达到市场上的 106 涂料标准，它与 106 涂料性能比较见表 1-6[10]。

表 1-6　SP-01 与 106 涂料性能比较

性能	涂料品种		检验方法
	市售 106 涂料	SP-01	
相对黏度/s	30～40	30～40	
附着力/%	100	100	
硬度	>6H	>6H	江苏建材研究所涂料
沉降分层/%	>5	1	检验方法
外观	良好	良好	
干燥 3d 后水浸	2d 无变化	10d 无变化	
耐水洗刷/次	200	>300	用毛刷水洗

④ 饲料添加剂　在饲料工业中，可将海泡石用作饲料添加剂、载体及稀释剂。长沙市饲料公司和邵阳矿物饲料添加剂厂用海泡石作饲料添加剂喂猪，可缩短猪的生长期 20d 左右，日增重 766～834g，有效节约饲料，试验已通过省级鉴定并投入生产。陈腾捷等[11]研究了以海泡石为载体的微量元素添加剂，产品已投产生产 200t 以上，远销其他地区，使用效果较好，充分发挥了海泡石的经济效能和社会效益。

⑤ 橡胶填料　由于海泡石具有较大的表面积，并且在合成橡胶中具有补强作用，可较好地代替白炭黑。用浏阳海泡石精选矿经化工处理后制成的橡胶填料达到国家标准，它的性能测试结果见表 1-7。

表 1-7　选矿精矿所制填料性能测试结果

项　　目	国家标准（硫化 30min）	不同硫化时间/min		
		20	30	40
硬度（邵氏）	72	74	78	78
30%定伸应力/(kgf/cm²)	91	138	147	146
拉伸强度/(kgf/cm²)	220	253	259	255
拉断伸长率/%	554	510	500	490
扯断永久变形/%	33	60	61	59
密度/(g/cm³)	1.18		1.18	
磨损减量/(cm³/1.61km)	0.75		0.75	

注：1kgf/cm² = 98.0665Pa。

⑥ 干燥剂　利用浏阳永和的海泡石精矿制出的 XS 型干燥剂比硅胶吸湿率高 20%～25%，且吸湿周期长，价格低，加工简单。这种干燥剂无毒、无味、无腐蚀性，能反复再生使用，它在民用、医药、食品、军工、环保等领域均可广泛应用。

海泡石黏土在其他方面的用途还有很多，人们也在不断开发新的用途，随着科学技术的进步，它的经济效益和社会效益将不断提高。

1.4.2　海泡石的开发生产

海泡石生产厂商主要分布在西班牙、美国、土耳其、欧洲等地。其中，西班牙 Tolsa Group（托尔萨集团）是全球最大的海泡石开采和加工企业，特别是民用产品和工业产品比较成熟，值得我们参考和借鉴。

500 多年前，托尔萨集团就已经开始采购各种海泡石黏土矿物的资源，并在其他地区和国家购得大量的天然矿藏，其中包括世界上最大的海泡石矿、大型绿坡缕石矿和高品质膨润土矿。目前，托尔萨集团已经不仅仅是单纯进行矿产的开发，还根据客户需求提供理想的解决方案。

托尔萨集团在西班牙、土耳其、法国、阿根廷、摩洛哥、塞内加尔等国建有工厂。在马德里郊区的 Vallecas 拥有一个占地 249000m^2、年生产能力 420000t 的加工基地，其中 90% 为海泡石、10% 为膨润土产品；在法国拥有一个生产基地（Tolsa France），生产猫砂，供应法国市场；据最新资料，Tolsa France 新增加了生产线，生产园艺用海泡石产品。USGS（美国地质勘探局）统计资料显示，2011 年，Tolsa Group 的海泡石产量为 566970t。

Tolsa Group 产品种类超过了 45 个，应用领域超过 100 个。产品几乎涉及了生活和工业各个方面，向全球 90 多个国家提供产品。

1.4.2.1　海泡石工业产品

海泡石工业产品已有超过 200 多种的应用性能，用于建筑、农业、油漆涂料、动物饲料、冶金、造纸、制药、环境净化等领域。目前主要的海泡石工业产品为 PANGEL 系列，其产品主要包括 B5、B10、B20、B40、HV、S9、S15、AD、S1500、M280、M150、M100。

PANGEL 系列产品主要成分是 PANGEL。PANGEL 是一种水合硅酸镁，属于层状硅酸盐一类，属于海泡石族。PANGEL 结构和海泡石相一致，是由两层四面体二氧化硅单元组成，通过一个中心氧原子和一层不连续的镁原子八面体连接组成的，这种层链状结构使得 PANGEL 粒子具有微纤维针状结构。

PANGEL 系列产品的相关特性主要有以下方面：增稠触变、防沉降、悬浮稳定、易分散、改善施工、比表面积大、高吸附性、低残留电荷、晶体结构不膨胀等。

PANGEL 系列产品的应用领域较为广泛，主要有防腐涂料、铸造涂料、聚氯乙烯（PVC）塑料、耐磨材料、催化剂、木器涂料、色浆、瓷砖腻子、干混砂浆、特殊涂层、沥青、树脂及乳液、密封条、胶黏剂、灌封料、润滑油、化妆品等行业。

（1）PANGEL 的性质

PANGEL 的特殊结构决定了它的吸附性能和流变学性能，具有五大突出特性：外表面的高度不规整性；粒子具有针状形态；晶体结构的不膨胀；高密度的活性吸附中心；低的残留电荷。

PANGEL 产品的物理和化学性质见表 1-8。

表 1-8 PANGEL 产品的物理和化学性质

指标	B10	B20	B40	S9	AD	S1500	HV
化学组成	有机改性海泡石			海泡石			
颜色	淡乳白色						
外观	自由流动粉末			自由流动粉末			
含水量（质量分数）/%	11.0±1.5			6	6	3	3
堆积密度/(g/cm³)	0.240±0.050	0.250±0.050	0.200±0.050	0.160±0.060	0.160±0.050	0.270±0.060	0.425±0.075
5μm 筛分残留物/%				<10	<10	<10	<10
10μm 筛分残留物/%				<5	<5	<5	<7
75μm 筛分残留物/%	<1						
pH 值	8.8						
掺杂吸附/%				280	280		
氮气比表面积/(m²/g)				320	320	310	310

（2）PANGEL 使用方法

① 直接添加 直接添加到树脂体系中高速分散后加入颜填料即可，或者再进行研磨。直接添加不会受到在研磨阶段产生的高温（60~70℃）的影响。

② 以预凝胶的形式添加　如果用于具有很差湿润性和高固体或者低黏度的体系中，建议以预凝胶的形式添加。

预凝胶的制备方法：极性活化剂 3%～10%；剪切程度为高速（18%～25%）；搅拌时间 5～10min。

用量：

a. 在溶剂型体系中添加量占总配方的 0.3%～2%；

b. 在水性体系中添加量占总配方的 0.3%～1%；

c. 预凝胶制备添加量在 6%～15%。

注意事项：应该在干燥和温室环境下贮存。

（3）PANGEL 系列产品应用指南

PANGEL 系列产品应用指南见表 1-9。

表 1-9　PANGEL 系列产品应用指南

应用	B10	B20	B40	S9	AD	S1500	HV
内外墙涂料		*	*	*	*		
建筑腻子		*		*	*		
建筑干混砂浆		*		*	*		
非离子和离子乳化剂				*	*		
溶剂沥青涂层				*			
改性石油沥青				*			
瓷砖黏合剂				*	*		
工业防腐涂料		*	*	*	*		
胶黏剂	*	*		*	*	*	
薄膜				*	*	*	
矿物油	*						
石膏							*
建筑板材							*
耐磨材料				*	*		

注：＊表示该产品可应用的领域。

（4）PANGEL 应用特征

在溶剂型体系（重防腐涂料、船舶漆、化工防腐漆、防锈涂料、地坪漆、油性腻子、印刷油墨、胶黏剂）中的应用：

① 适用于高、中、低极性体系中，都能体现良好的增稠作用；

② 不需要活化过程，直接采用高速分散就能够很好地提高体系的触变性能；

③ 具有优异的防沉降性能，可有效防止涂料的流挂，有效改善施工性；

④ 提高颜填料的分散性和稳定性，提高涂膜的遮盖能力；

⑤ 提高涂层的耐盐雾、耐老化性能。

在水性体系（水性涂料、内外墙乳胶漆、腻子、水性油墨、水性胶黏剂）中的应用：

① 提高涂料的触变性和假塑性；

② 提高涂料的保水性能；

③ 防止颜料的沉降，提高涂料的贮存稳定性能；

④ 与树脂和乳液有很好的相容性，容易添加和分散；

⑤ 任何涂料体系中，在很大 pH 值范围（从 4～14）内都可稳定存在；

⑥ 提高体系的稳定性能，防止微生物的降解；

⑦ 不受体系温度的影响，不影响体系的稳定性。

1.4.2.2　海泡石专用产品

专用产品主要用于解决防火、隔热、环保问题。包括高性能保温泡沫、绿色防火材料、多功能防火涂料、自清洁涂料、光催化建筑材料等。

1.4.2.3　海泡石研发新产品

研发海泡石新产品主要对海泡石进行包括纳米化制备、超细粉体、表面改性、离子负载等材料化制备，制成工业添加剂，用于复合材料，赋予复合材料功能性。

1.4.3　小结

海泡石是一种很有发展前途的天然黏土矿物，由于其优异的性能和广泛的用途，逐渐引起人们的兴趣。随着科学技术的发展，它的应用领域将不断被拓展，需求量将不断扩大。现在国际市场有供不应求、价格上涨的趋势，它的经济效益和社会效益将进一步提高，在国民经济建设中将发挥更大的作用。在不同领域中，其应用也有着不同的标准，具体的海泡石标准（种类，性质，技术要求，试验方法，检验规则及包装、运输、贮存等）见附录。

第2章
海泡石预处理研究

一般来说，海泡石原矿含有较多的伴生矿物杂质，如方解石、滑石、石英等，原矿海泡石的品位一般是在 5%～30%，如果不进行提纯、活化等预处理，会严重影响海泡石的性能，使其无法满足工业应用的要求。在研究海泡石性质的基础上，提出了对海泡石进行预处理的诸多方法和手段，以去除海泡石中的杂质，扩大其比表面积，优化孔道结构，更好地利用海泡石，发挥其优势性能和价值。

2.1　海泡石性质研究

海泡石是富镁的硅酸盐黏土矿物，目前，海泡石天然黏土矿物被广泛应用于许多领域，它不仅具有可塑性、黏结性等一般黏土矿物的共性，还有较好的特性，如吸附性、分散性、抗盐性和耐高温性等[1]。其工业用途主要是基于海泡石的以下性质：吸附性、流变性、催化性、脱色性、耐高温性、耐腐蚀性、分散性。

2.1.1　吸附性

海泡石特殊的结构使其具有较高的比表面积、均匀的孔径，并在整个结构中均具有沸石通道和空隙，使得海泡石在自然状态下具有很高的吸附性能[6]。在海泡石的表面上存在着三种类型的吸附活性位点[12]：

① 硅氧四面体片上的氧原子；

② 在边缘与镁离子配位的水分子，可与被吸附物之间形成氢键；

③ 在四面体片外表面的 Si—OH 基能够和海泡石外表面上吸附的分子相互作用，与某些有机试剂形成共价键。

海泡石的活性中心使其具有优异的吸附性能，不仅对极性化合物、微极性物质有极好的吸附作用，还可以吸附非极性有机化合物。

2.1.2　流变性

在较低浓度下，海泡石能够形成稳定悬浮液，纤维外形呈细长针状，并聚集成束。当这些纤维束分散在高、中等极性溶剂中，针状纤维分散形成不规则的纤维网络。该网络可使溶剂滞留，从而形成高黏度，具有流变性、非牛顿流体性质的悬浮液[6,13]。该特性与海泡石的浓度大小、剪切应力和 pH 值等各种因素相关。海泡石在强极性介质中的流变性与很多因素有关，主要有以下几个方面[1,6]：

① 浓度。海泡石在水中的悬浮液的黏度随海泡石浓度的增大而迅速增加。

② 切应力。剪切力使海泡石纤维聚晶瓦解，且剪切速率增大，黏度也随之增加。在剪切速率不变时，黏度随剪切作用时间的增长而增加。

③ pH 值。悬浮液的黏度在 pH<8 时基本不受 pH 值的影响；当 pH>9 时，黏度急剧减小；当 pH<4 时，它的晶格开始瓦解，海泡石悬浮液的稳定性与黏性慢慢减弱并消失。所以最适宜的 pH 值为 8~8.5，这是海泡石对水介质有缓冲作用的 pH 值。

另外，在不同 pH 值时电解质对海泡石悬浮液带来影响，当 pH=9 时其影响很小，在 pH>9 时电解质将使悬浮液产生絮凝，流变性则变成假塑性。

④ 有机介质。由于海泡石表面有大量硅羟基，其表面是亲水的。一般通过在海泡石表面负载活化剂来改变其表面亲水性，如表面被覆上有机分子后将形成亲有机物的海泡石，使得海泡石能够在弱极性溶剂中形成稳定的悬浮液。

海泡石可以在非极性溶剂中形成稳定的悬浮液，但需要事先用表面活性剂对海泡石的亲水表面进行修饰。

2.1.3　催化性

由于海泡石的特殊结构和优良性质，将其作为催化材料已经有很长的历史，海泡石能够成为一种优质的催化剂，主要是由于：

① 高比表面积；

② 丰富的通道结构；

③ 路易斯酸中心和碱中心；

④ 良好的力学性能，较强的稳定性、耐酸碱性。

因此，海泡石能够满足作为催化剂的条件，同时其微孔和表面特征还使得海泡石能够具有酸碱协同催化和择形催化裂解作用。所以，可将 Ni、Fe、Zn、Cu 组和 Mo、W、Ni、Co 组金属元素以及铜族的其他金属元素负载在海泡石上[6]，发挥其性能。

2.1.4　脱色性

海泡石的脱色性能是由于经活化处理后，对有机色素具有吸附作用。广泛应用于石蜡、油脂、矿物油和植物油的脱色，使用人工活化后的海泡石制备脱色剂有很好的市场，并且，海泡石在进行脱色时可以选择性地保留有色分子，然后将这些有色分子催化成无色物质。在对海泡石进行酸化处理时，应能够将海泡石中的 Mg^{2+}、Al^{3+}、Fe^{3+} 和其他金属离子溶解，从而疏通孔道，增加晶体层间距，以提高脱色性能。海泡石的含量每增加 5%，脱色剂的脱色能力相应增加 10%，两者呈良好的线性关系[14]。海泡石脱色剂具有活化酸度低、活化时间短、残留物具有脱色能力等很多优点，其脱色能力优于其他黏土矿物，是天然的"漂白土"[15]。在饮料行业，海泡石不仅可以漂白葡萄酒，还可以使葡萄酒澄清。而且，对于啤酒也有效果。海泡石不仅对矿物油有较好的吸附脱色作用，还能用于石油炼制、动植物油颜色、异味和有害成分的净化处理。

2.1.5 耐高温性

海泡石具有较好的热稳定性、保温和耐高温性能，能够承受高达 1500～1700℃的温度[16]，并且在 400℃ 以下结构能够保持不变；当温度为 400～800℃时，海泡石会脱水；800℃ 以上开始发生转变，成为顽火辉石和 α-方英石[13]。

李有禹、陈淑珍[17] 在研究中采用湖南浏阳海泡石、河南西峡桑坪海泡石，考察了海泡石的热稳定性。海泡石的热稳定性优于其他黏土矿物，在热分析和差热曲线上有它固有的特征。

① 黏土矿物均存在吸附水、结晶水（H_2O）和结构水（OH），在受热后均有吸热谷存在，不同黏土矿物的温度不一致。海泡石在 825℃ 左右释放结构水（OH），高于其他黏土矿物的温度。

② 黏土矿物在受热过程中，最后相变产物由于黏土矿物化学成分上的差别有所不同。因此它们的放热峰温度差别较大，如高岭石 950～1000℃ 形成 $AlO[SiO_4]$红柱石，海泡石放热峰的温度为 850℃，形成顽火辉石 $Mg_2[Si_2O_6]$。海泡石的晶变温度范围较大（300～850℃），一般黏土矿物较小。

③ 从矿物内部结构分析，高岭石、多水高岭石、蒙脱石属层状结构，而吸附水或结合水基本上位于层间，属层间水，受热时很容易失去，海泡石存在的沸石水、结合水位于晶体内的通道中，其量的多少和排列方式随温度的升高和失水的多少而不同，但它的稳定性要比层间水高。

④ 黏土矿物在热分析中，内部结构的细微变化也不相同。多水高岭石、蒙脱石等在受热失水时，往往改变晶体内部面网间距。海泡石在受热失水时，通道水析出不改变面网间距，它的变化过程是：加热至 250℃ 时失去结晶水；450℃ 失

去结合水，成为无水海泡石，其晶体结构未变，只是通道形状有所变化，由矩形变成平行四边形，空隙略有收缩；当温度大于850℃，海泡石转变为顽火辉石和石英。

海泡石的热稳定性还突出表现在能配制适合地热深井钻探使用的泥浆。配制的泥浆能耐200℃以上的高温，它可以在各种水性介质中保持黏度，并具有良好的凝胶性能，因此已成为地热钻井和深海石油钻井泥浆的优质原料。

一般认为，井温小于200℃用膨润土（蒙脱土）或凹凸棒石泥浆（坡缕石），200℃以上则需要用海泡石泥浆。

海泡石泥浆热稳定性优良是与海泡石的内部结构有着紧密联系的。海泡石为层链结构，常呈板晶状、纤维状，晶体内部通道的横断面直径较大（约为6.518～14.718 Å）。所以当分散在水中后，海泡石纤维在剪切力作用下，分裂成长条板晶，构成"干草堆"式的纤维束，它们相互交织形成凝胶体，这种胶体性能稳定。然而层状黏土（如蒙脱土），由于细微晶体为片状或六方片状，在水中常分散成为"卡片箱"式的组合，由片状微晶平行排列而成，因而成胶性差。海泡石的晶体内部通道沿晶体长轴方向（辉石链的方向），含有结合水和沸石水，它们在成胶时，仍然保持在"干草堆"内，很少受外部电解质影响，从而保持凝胶的能力。

2.1.6 耐腐蚀性

在室温下，海泡石在pH值为4～10的介质中非常稳定，仅在pH<3时才会发生腐蚀[6]。聂利华等[18]在研究海泡石的物化特性时，测定了海泡石的耐腐蚀性能，研究中将试样与酸、碱、氧化剂、还原剂、盐类溶液共同煮沸，计算蚀损率，以考察海泡石对不同化学试剂的耐腐蚀性能，结果见表2-1。可见，海泡石具有优异的耐腐蚀性，除强酸、强碱外，一般的化学试剂对海泡石没有明显的浸蚀作用。

表 2-1　海泡石的耐腐蚀性能

作用物	名称	硫酸	氢氧化钠	重铬酸钾	硫代硫酸钠	氯化钙	碳酸钠
	浓度/(mol/L)	18	25%	0.5	1.0	2.0	1.0
蚀损率/%		−22.9	−10.2	−1.71	−0.44	+0.18①	−1.39

①因产生离子交换。

注：样品含量81.5%，测定方法为1g样品与25mL试液加热回流1h，冷后用75mL水稀释，过滤洗涤，600℃灼烧1h，恒重，另以纯水作空白。由所得剩余样重之差计算蚀损率。

2.1.7 分散性

海泡石易于分散在水或其他强极性和中极性溶剂中并形成网络，几乎不受电解质的影响。袁继祖和夏惠芳[19]在研究中采用了多种分散方法（机械搅拌、高速搅拌、超声分散）和多种分散剂（水玻璃、六偏磷酸钠、有机分散剂等）研究海泡石的分散特性。所用矿样采自湖南浏阳永和海泡石矿上层风化型黏土。将采来的矿样磨细到 20 目，试验了不同的分散剂（类型、用量）、不同的分散方法（如机械搅拌分散、高速搅拌分散、超声分散等）对海泡石的分散特性的影响。矿浆分散程度采用上层清液测定法。研究发现，各种分散方法中，超声波处理对海泡石的分散效果最好，机械搅拌和高速搅拌时海泡石的分散效果较差。但在分散剂达一定用量时，后两种方法也能使海泡石得到良好分散。考虑到工业生产的实际情况，可用高速搅拌、机械搅拌方法来分散海泡石矿石。

从试验中各种分散剂对海泡石的分散效果来看，聚丙烯酸钠（有机分散剂）对海泡石的分散效果最好，六偏磷酸钠和焦磷酸钠更好。虽然水玻璃的效果较差，但添加较大剂量后，也能使海泡石良好分散。水玻璃价格便宜、来源广，工业生产中也可作为海泡石的分散剂。

2.2　海泡石提纯研究及专利情况

海泡石价格低廉、储量丰富，具有良好的物化性质（吸附、脱色、分散和热稳定性），已经被广泛应用于工业、农业、污染治理等方面。我国现已探明的海泡石资源，主要存在于湖南湘潭、江西乐平等地。国内的天然海泡石矿以低品位者居多，原始矿石中伴随着大量的杂质，如方解石、滑石、石英等。海泡石原矿石的纯度通常为 20%～30%，制浆速度 5～9m³/t，远不能满足工业要求。因而海泡石原矿的提纯处理，成为提高其应用价值的技术关键[20]。因此想要更广泛高效地应用海泡石资源，使其能够更好地投入生产应用中，则需要对海泡石进行提纯处理。

在海泡石的分离和纯化过程中，海泡石颗粒的表面作用力明显增强，并且颗粒通常处于相互凝结的状态，这严重影响了矿物的分离和分离的选择性。要防止细粒矿物互凝造成细粒体系的分散，一般有两种途径：加入分散剂，增加矿物的表面电位，且同号，从而使静电作用变为强排斥力，阻止细粒互相接近，使细粒分散。另外，添加亲水性无机聚合物或强化矿物表面的亲水性，使矿物表面覆盖亲水性吸附层，通过位阻效应对抗粒子间的吸力，从而使细粒体系分散，为有效分选提纯做准备。其中，添加的各种分散剂主要有以下几类：碱盐类、磷酸盐类、硅酸盐类、有机分散剂。

2.2.1 海泡石提纯研究

我国已探明的海泡石矿资源中，普遍是低品位海泡石，进行提纯试验研究，对其开发利用至关重要。

国外海泡石矿的纯度可达75％～95％，尤其是西班牙海泡石，远远高于国内海泡石的纯度，国内海泡石的品位普遍较低，含有大量的杂质，为了提高海泡石的使用效果和应用范围，一般需要对海泡石进行提纯净化处理，从而提高其纯度。

一般来说，物理法和化学法是海泡石提纯的主要技术方法[21]，物理提纯所采用的手段主要有沉降、离心分离、电泳，其过程主要是采用分散剂（如硅酸钠或六偏磷酸钠）除去与杂质矿物有关的粗颗粒，然后通过重力或离心沉降法分离。物理法提纯海泡石虽然生产成本较低、污染小，但是其生产周期长、耗水量大，较难获得高品位的海泡石精矿。化学法一般过程是先除去砂石杂质矿物，在一定温度下，再加入一定比例和浓度的酸（碱），能够与海泡石中的杂质矿物进行反应生成可溶性的盐类，后经压滤、洗涤、干燥得到较高品位的海泡石。化学法易得到高品位的海泡石，但污水量大、设备腐蚀严重、酸消耗量大、提纯生产成本较高。因此，在海泡石的提纯过程中，一般用物理法与化学法相结合的方法，以达到提纯的最优效果。

有研究通过加工纯化的海泡石制造多孔载体用于重质烃油加氢处理，需要提纯和精制过程不破坏海泡石黏土矿物的高结晶部分并能够除去低结晶部分和杂质。具体方法是：将海泡石原矿粉碎至0.2～40mm，优选粒径为0.3～20mm（由于粒径过细或过粗，降低了分离效率），以去除海泡石中容易损坏的低结晶部分和杂质。然后用pH＝5～9的水性介质淘洗海泡石颗粒。水性介质的pH可以用无机酸或碱调节，并且使用的水量是海泡石的5～20倍。淘洗采用搅拌或鼓泡等方法使低结晶部分胶化。为了完全去除低结晶部分而不胶化高结晶部分，应通过洗净工序去掉黏土矿物5％～50％（最好是10％～40％）的胶状物。精制产品应在 200℃ 的恒温下干燥，使含水量达到 40% 以下，并注意不让黏土矿物晶体结构发生变化。精制过的黏土矿物，高结晶部分占 70% 以上（最好者可达 90% 以上），除 SiO_2、MgO 和水以外的 Al、Fe、Ca、Na、K 及其他氧化物等不纯成分的质量之和占 5% 以下（最好者为 3% 以下）。为得到合格的重质烃油处理用的催化剂载体，尚需配置粉碎、调湿、混炼、成型等工序[22,23]。

日本还开发了一种纯化方法，将海泡石矿石添加到过氧化氢或多元醇中，然后将其分散在热水中，以去除海泡石中的杂质。例如：将 500g 海泡石放入装有 0.5% 聚乙烯乙二醇（分子量为 1000）的容器中，并在 90℃ 保持 10min，然后滤去溶液，干燥滤饼即得不含杂质的海泡石。该提纯物料可用于手术绷带[21]。

江西乐平、湖南浏阳和湘潭等地的大型海泡石矿床均为沉积物，海泡石品位较低，一般在 30% 以下。浙江省地质科学院研究测试中心提出了一种有效的海泡石黏土选矿工艺，主要是将原始矿石在阳光下干燥后，将其搅拌并制浆，离心，压滤和干燥，然后压碎成精矿粉。该工艺能够成功解决海泡石原矿石提纯和精矿脱水所存在的问题，选定的原矿品位约为 25%，精矿品位可以达到 80%~90%，甚至更高，即使原矿品位低于 5%，也可以通过此方法进行提纯。

湖南省地矿局矿产测试利用研究所在海泡石的提纯研究中，除了机械力外，还根据矿石的性质添加了絮凝剂，以增加黏土颗粒的电荷，有害离子形成不溶性盐或稳定的配合物；之后，采用综合法将海泡石与方解石、石英和滑石分离。一次精选后，纯度为 20% 的海泡石原矿可以得到 91%~95% 的高品位精矿，并且回收率较好[24]。

目前，黏土矿物的传统提纯法主要有化学法和物理法两大类。近年来，研究者们利用海泡石独特的结构，对海泡石进行提纯后应用到不同的研究领域。

向开利[25]为了更好利用海泡石资源，选用湖南省石门县海泡石黏土矿进行了研究，主要采用化学提纯法分离海泡石夹杂的杂质矿物，通过增大海泡石的比表面积、提高吸附能力，从而研制活性海泡石土。在研究采用海泡石生产活性白土的最优生产条件时，采用了单因素轮换法，主要的研究因素有活性剂的种类、活化酸度和固液比、活化时间和温度等。最终的研究结果确定了各条件的最佳参数，活化剂选用 98% 的工业硫酸、活化酸度在 1.0%~1.5% 时达到最佳、活化固液比选择 1:8，并且需要在 150℃ 下烘干 8h；在实验得到的最佳生产条件下进行半工业试验，制备的海泡石活性土效果较好，产品的各种指标都稳定且达到要求。

张志强、郭秀平等[26]对河北省某沉积型海泡石矿的矿石性质、选矿工艺、精矿脱水试验及尾矿中白云石的提纯进行了研究。通过一定的选矿工艺加工处理，获得了可供利用的高品质海泡石精矿产品。根据粒径分离原理，进行自然沉降分离、离心沉降分离和选择性絮凝-离心分离三种分离纯化方案研究。研究表明，"选择性絮凝-离心分离"方案的分离纯化效果最好，最佳工艺下，海泡石精矿的纯度为92.15%，回收率为76.94%。对获得的海泡石精矿进行了主要物性指标测试，不仅选别指标良好，而且物理特性保持完好（见表2-2）。对该方法的尾矿进行沉降分离，可将白云石的纯度提高到92.37%，回收率67.05%。

表2-2　海泡石精矿主要物性指标测试结果

项目	结果	项目	结果
造浆率/(m³/t)	20.25	胶质价/(mL/g)	6.67
膨胀率/(mL/g)	22.0	吸蓝率/%	0.32
pH 值	7.6	E_{K^+}①	0.00
松散密度/(kg/mL)	0.3	烧失量/%	15.50
白度/%	80.30	粒度/%	>95

①E—阳离子交换量。

蔡荣民[27]针对海泡石存在的分离难题，采用湖南某地纯度30%左右的原矿海泡石进行了选矿研究。针对海泡石颗粒小、密度小的特点，采用搅拌分散絮凝的方法，考虑选矿过程中搅拌强度、分散剂、搅拌浓度、絮凝剂和矿浆 pH 调整剂的影响因素，进行了选矿研究实验，取得较为理想的效果。具体方法是使用碳酸钠作为浆料的 pH 调节剂，六偏磷酸钠作为分散剂，聚丙烯酰胺作为絮凝剂，分选过程是二段分散、二次絮凝。具体的选矿流程是：首先将用水浸散的原矿石浆料调节至一定浓度，然后添加 pH 调节剂碳酸钠和分散剂六偏磷酸钠进行剧烈搅拌以分散矿物。把分散的矿浆加聚丙烯酰胺略搅拌均匀，使其充分与矿粒发生作用。随后矿物渐渐絮凝成团慢慢沉向底层，上层则为海泡石精矿。第一次絮凝后的海泡石精矿品位仅有70%，其中夹杂不少脉石矿物。为了进一步获得品位更高的海泡石精矿，进行了第二次的分散和絮凝。最终可使海泡石含量30%左右的原矿富集成海泡石含量83%、回收率91.03%的精矿。

屈小梭、宋贝、郑水林等[28]采用擦洗-离心分离工艺对湖南海泡石原矿进行选矿提纯，并对提纯海泡石进行表征与机理分析。其采用的海泡石选矿提纯方法——擦洗-离心分离法的具体流程是：海泡石原料制浆后，使用 XFD-12 型擦洗机搅拌并擦洗一定时间，加入碱调节海泡石矿浆的 pH 值，并加入一定量的分散剂。将擦洗完毕的矿浆过74μm标准检验筛，加水调节筛下的矿浆质量分数，筛选出的矿浆在离心分离系数（离心加速度与重力加速度之比）为 200 且离心时间为 15min 的条件下进行离心分离。通过 XRD 表征分析，分离纯化后，海泡石含量显著增加，杂质含量显著下降。可以看出，通过擦洗分散和离心分离方法可以有效地分离海泡石和伴生矿物石英、方解石和云母。在优化的分选条件下，海泡石精矿品位可以从 56.0% 提高到 89.2%，海泡石的回收率达到 75.34%，精矿产率为 47.30%。海泡石原矿被提纯后，得到的精选提纯海泡石的粒度减小，悬浮稳定性增加，对罗丹明 B 的吸附量明显增大，显著改善了海泡石的性质和利用价值。选择和纯化海泡石原矿的原理是将海泡石和杂质矿物分解并稳定分散，然后在层流离心场中进行分离。

李虹、杨兰荪[20]对永和、乐平等地低品位海泡石矿做了一系列提纯试验，研究中所采用的永和海泡石矿的化学组成和主要伴生矿物特征，分别见表 2-3 和表 2-4，提纯过程采用一次低速搅拌、分散，一次高速搅拌、分散，又添加了适量的化学分散剂，使得品位在 20%～30% 的原矿海泡石提纯至 95% 以上，提纯方法简单且成本较低，并且回收率（精矿与中矿回收率之和）在 70%～90%，尾矿中海泡石含量在 10% 以下。这是因为海泡石本身所具有的物化特征，以及其晶体结构具有多孔道，使其自身能吸附多量水分子而具有较好的悬浮性。对海泡石样品进行了 X 射线测试，结果表明，海泡石矿中伴生滑石、方解石、石英等与海泡石充分分离，见表 2-5。

表 2-3　永和海泡石矿主要化学成分　　　　　　　　　　　单位：%

样号	SiO_2	Al_2O_3	Fe_2O_3	FeO	CaO	MgO	TiO_2	MnO	Na_2O	K_2O
1	54.14	1.44	0.15	0.64	0.26	23.43	0.02		0.07	0.13
2	53.03	3.80	0.78	0.58	0.49	20.54	0.09		0.03	0.33
3	53.02	3.45	0.71	0.70	0.13	20.93	0.71	0.19	0.04	0.17

表 2-4　海泡石和主要伴生矿物特征

矿物	密度/(g/cm³)	粒径/μm	形态习性	X 射线特征/ Å
海泡石	2.03	<1～2	纤维、毛发、针状及其集合体	12.03～12.06 (110)
滑石	2.7～2.8	<1～2	鳞片状不规则六边形及菱形等	9.4 (001)
方解石	2.72	$n～n^+$	粒状、厚片状或长条粒状	3.23
石英	2.65	<1～n^+	不规则粒状	3.34

注：1Å=10^{-10}m。

表 2-5　海泡石原矿、精矿矿物组成对比　　　　　　　　　单位：%

样号	原矿				精矿			
	海泡石	滑石	方解石	石英	海泡石	滑石	方解石	石英
1	28	18	36	16	68	12	<6	14
2	40	24	9	25	89	4	<1	6
3	44	30	6	20	>95	约1		3

王盘喜、刘新海、卞孝东等[29]研究了河南西峡和内乡海泡石矿石的矿物组成和结构构造。矿石主要化学成分分析结果见表 2-6，各主要矿物成分含量见表 2-7。通过研究海泡石矿石物质组成，对河南海泡石矿的提纯研究提出了相应的建议。海泡石矿试样采自西峡和内乡，属热液型纤维状海泡石。研究的样品包括西峡软质海泡石（XXR-01）、半软质海泡石（XXB-01）、硬质海泡石（XXY-01）和土状海泡石（XXT-01），内乡七里坪硬质海泡石（QLPY-01）和软质海泡石（QLPR-01）。

表 2-6　矿石主要化学成分分析结果　　　　　　　　　单位：%

样品编号	SiO_2	MgO	CaO	Al_2O_3	Fe_2O_3	K_2O	Na_2O	烧失量
XXR-01	32.73	16.10	21.46	0.68	1.02	0.064	0.065	26.03
XXB-01	36.19	17.85	18.95	0.54	0.07	0.034	0.013	25.40
XXY-01	36.36	18.78	17.88	0.24	0.01	0.015	0.010	24.55
XXT-01	33.86	17.51	21.25	0.63	0.06	0.032	0.006	24.28
QLPY-01	43.02	20.20	10.66	0.30	0.16	0.019	0.008	23.66
QLPR-01	39.02	17.30	17.39	0.37	0.63	0.026	0.045	23.24

表 2-7　矿石主要矿物成分含量　　　　　　　　　单位：%

样品编号	各矿物成分含量								
	海泡石	方解石	滑石	绿泥石	石英	白云石	透闪石	蒙脱石	蛇纹石
XXR-01	39.5	33.8	8.2	3.2	0.9	6.4	4	1.9	
XXB-01	34.1	30.4	20.9	2.1	0.5	5.2	2.6	2.1	
XXY-01	41.8	28.1	15.8	1.1	少量	6.2	2.1	0.7	2.4
XXT-01	24.1	35.4	22	1.7		3.2	3.2	3.4	4.8
QLPY-01	66.3	18.7	3.5	0.6		少量	1.2	1.9	4.4
QLPR-01	44.3	28.7	13.5	1.8	2.3	2.6	3.9	1.1	

他们所研究的海泡石矿石试样所具有的基本特征是：高 Si、Mg、Ca 和烧失量，低 Al 和 Fe。其中，SiO_2、MgO、CaO 和烧失量总和为 97% 左右。SiO_2 主要存在于海泡石和滑石中；CaO 主要来源于方解石和白云石；Al_2O_3 主要存在于绿泥石和蒙脱石；Fe_2O_3 是以类质同象形式存在，主要是在绿泥石、蛇纹石和海泡石晶格中。在正常情况下，由于存在带正电的离子，海泡石、滑石、方解石、石英和其他表面带负电的矿物将处于紧密结合状态。海泡石矿石中的方解石、白云石、石英和透闪石等矿物相对较粗，并且其性质也不同于海泡石，通常分离比较容易。而海泡石与滑石嵌布具有更细的晶粒尺寸和一些相似的特性，因此难以通过常规的选矿方法将其分离。研究发现，滑石和海泡石在碱性溶液中或在分散剂的作用下，电动电位的负值增加，由于静电排斥力，空间效应增加并使它们分散。铁和铝的三价离子是滑石和海泡石的特征性吸附离子，正确控制离子浓度和 pH 值可以达到滑石和海泡石选择性絮凝分离的目的。因此，应采用物理方法和化学方法相结合的方法，即"电荷离解和重力静置沉降分离"的提纯方法。

目前，国内外用海泡石生产海泡石活性白土，传统方法一般分两个步骤完成：第一步是除去天然海泡石矿石中的杂质，例如碳酸盐和二氧化硅；第二步是活化处理已经纯化的海泡石。海泡石选矿的提纯方法一般采用湿法，即将矿石制成悬浮液，各组分密度之间存在差异，可以通过沉降法（水析法）得到较纯的海泡石；活化处理多数采用热处理或酸化处理，以提高产品的吸附性和阳离子交换性能，从而获得质量合格的海泡石活性白土。

周时光、李书舒[30]选择位于广元市朝天区的低品位方解石型海泡石矿生产海泡石活性白土，由于该海泡石矿的低品位特征与当前市场状况，如果采用传统的提纯技术生产海泡石活性白土，其生产成本必将大大增加，甚至超过了海泡石活化白土的市场价格。因此，提出并测试了一种提纯-活化一体化处理技术。提纯与活化一体化工艺方法，实质上是采用物理方法和化学方法相结合的方法。将提纯和活化同步进行，即在去除杂质的同时进一步改善海泡石性能，并获得合格的活性白土，整个过程步骤简单，可以大大降低海泡石加工的复杂性并降低产品成本，为川北朝天方解石型低品位海泡石矿和其他地方的类似海泡石矿的开发使用提供了较好的技术手段，具有十分重要的现实意义。

海泡石活性白土提纯与活化一体化工艺流程如图 2-1 所示。

通过对制备的活性白土样品的质量检查和分析，综合的提纯和活化过程可以生产出质量合格的朝天海泡石活性白土，简单易行。用该提纯活化方法生产出的活性白土脱色性能与国标商品活性白土对比参见表 2-8。

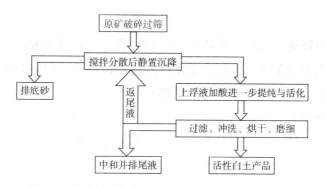

图 2-1 海泡石活性白土提纯与活化一体化工艺流程

表 2-8 活性白土脱色性能与国标商品活性白土对比

样品编号	1	2	3	4	5	国标商品活性白土	原油
当量酸度/N	1.0	1.0	1.0	2.0	3.0		
透光率 T_{510}/%	70.3	74.3	71.8	18.2	22.9	70.8	6.0
吸光率 T_{510}/%	0.151	0.129	0.144	0.740	0.630	0.151	1.295

注：1. 样品编号中，1、2、3 为提纯与活化一体化工艺样品；4、5 为原矿直接酸化处理样品。

2. $1N=(1mol/L)\times Z$（离子中电荷数）。

研究中生产朝天海泡石活性白土所采用的提纯与活化一体化工艺，制备的样品其质量可以达到甚至高于商品活性白土质量的国家标准，而且朝天海泡石活性白土的生产过程简单，直接生产成本低廉（560 元/t 左右），为川北朝天低品位方解石型海泡石矿的开发利用提供了一条有效途径。

2.2.2 海泡石提纯专利

我国的海泡石矿主要是沉积型海泡石矿，且原矿石品位低，原矿含量仅在 20%～30%。我国沉积海泡石原矿的提纯主要面临以下问题：一是原矿品位低，杂质成分复杂且不稳定，提纯工艺复杂。二是原矿经粉碎和制浆后很容易与其他杂质混合，很难分离。三是海泡石为一种天然的微米级物质，很容易分散在水中，因此很难脱水。目前国内科技人员针对我国海泡石原矿品位低，为充分发挥海泡石的物理化学性能，提高海泡石产品的附加值，使其能够广泛应用于环保、橡胶填料、催化剂载体等领域，对海泡石原矿进行了一系列提纯工艺方法探索。

湘潭县鸿雁海泡石有限公司的汤春林、王觉群、张勇申请了"海泡石提纯工艺"专利[31]，主要是为了解决现有工艺不能连续生产、难以大批量生产较高纯度海泡石等的技术问题。其方法是将海泡石原矿拌水投入多级搅拌池经慢速搅拌机多级搅拌制浆，将制得的矿浆送入多级溢流沉降槽进行多级矿物分离沉降，再经过多个缓冲沉降池依次进行矿物沉降分离制得海泡石悬浊液，在海泡石悬浊液中加入磷酸盐类絮凝剂进行絮凝，采用筛网过滤设备进行固液分离，通过压滤机脱水以形成滤饼，最后干燥并压碎以获得高纯度的海泡石产品。该方法不使用高速分散机、振动筛和离心机，方便控制矿浆的分散度和连续生产，可大大降低能耗、增加产量，广泛应用于各种低品位海泡石的加工提纯。

湖南九华碳素高科有限公司的张超为解决低品位海泡石提纯的技术难题，申请了专利"一种低品位海泡石提纯工艺"[32]，其目的是为了解决现有的一些纯化专利技术的缺陷：高速分散机制浆时容易使矿浆变得太稠，杂质的沉淀难度增加，离心机的沉淀和分离是间断的间歇性生产，产量相对较低，添加其他助滤剂可能会污染矿浆，脱水困难，生产过程能耗高，耗水量大，分离出的沉淀杂质中海泡石含量高，这些原因使得难以大量生产高纯度的海泡石。为解决技术问题所采用的技术方案是：将海泡石原矿石和水投入搅拌池，并在搅拌池中加入分散剂，经搅拌机连续搅拌分散制浆；将矿浆经过沉降中转槽后，再通过3~10个串联的提纯机连续提纯；将提纯浆料用陶瓷膜进行浓缩以增加固含量，最后压滤机压滤脱水、烘干、粉碎机粉碎、空气分级器分级得海泡石精矿成品。

中国矿业大学的宋贝、屈小梭、郑水林提出了一种分选效率和产品纯度高，且工艺简单、稳定性好的层流离心选矿提纯方法——"一种海泡石的选矿提纯方法"[33]，可以将中、低品位海泡石矿提纯为海泡石含量90%以上的海泡石精矿。该技术工艺首先将海泡石原矿加水投入擦洗机，加氢氧化钠调节pH，加六偏磷酸钠使其分散；然后将分散好的料浆用旋振筛筛分除去砂粒和碎屑；筛下矿浆给入层流离心分选机进行分选；层流离心分选的溢流为海泡石精矿，沉淀为细粒杂质（尾矿），收集溢流精矿进行过滤、烘干，即得海泡石精矿。

2.3 海泡石改性研究

海泡石具有良好的吸附和流变性能，因此被广泛用于水污染、空气污染等的治理，但是天然海泡石因腔孔阻塞、比表面积受限、表面呈弱酸性等缺陷，而大大限制了其应用。研究者经常采用改性的方法，提高海泡石的比表面积及表面性能，从而提高海泡石对污染物的吸附性能，更好地发挥海泡石的性能优势，常见的海泡石改性方法有酸改性、水热改性、焙烧改性、酸热改性、离子交换改性、有机改性和磁化改性。

2.3.1 海泡石的酸改性

天然海泡石一般纯度较低，分散性差、表面活性差等因素严重影响了海泡石矿的价值，须经处理，才能得以发挥其有效价值。

酸活化是一种常见改性方法，经过酸活化处理后，在保持海泡石结构形式基本特征不变的情况下，可以扩大其孔道截面积和体积、增加其比表面积和表面活性中心强度及数量，显著改善其表面特性，从而大大提高海泡石的应用范围和能力。同时，酸活化处理还能有效除去海泡石原矿的杂质、提高其纯度，相应会提高其吸附和应用能力。选择适当的酸溶液类型和浓度是酸活化达到上述目的的关键，不同种类和浓度对活化效果有所影响。

酸改性法所采用的酸主要为无机酸，包括 HCl、HNO$_3$、H$_2$SO$_4$ 等[34,35]。酸活化改性一方面溶解海泡石中的碳酸盐杂质，以确保海泡石的孔道结构通畅；另一方面，酸中的 H$^+$ 和海泡石层间的 Ca^{2+}、Mg^{2+}、Na$^+$、K$^+$ 发生取代以使其具有活性氢原子，从而产生新的表面来改善海泡石的表面和孔道特性，有利于疏通晶体中的通道，从而增加比表面积和微孔隙率，提高海泡石的吸附、净化、脱色性能[36]。

在一定范围内，海泡石的吸附能力与用于活化的酸浓度有很大关系。酸度过低时，活化效果差，比表面积不会明显增加；当酸的浓度增加时，海泡石的比表面积增加，吸附容量也相应增加。酸浓度过低时，无法将 Mg^{2+} 溶解出来，海泡石的结构和比表面积也没有显著变化，因此吸附和交换能力较弱；当酸浓度较大时，海泡石内部腔孔溶蚀，其结构有较大变化，大孔隙率将增加，并可能变为硅胶，从而使海泡石的吸附和交换能力降低。当酸浓度增加到一定值时，吸附容量最大，然后随着酸浓度增加而逐渐减弱。这表明酸浓度越大，其活化效果不一定越好，需要经实验确定活化效果最好、最经济时的酸浓度。

酸改性可以有效降低海泡石的零电荷点，增加海泡石表面的质子数，从而有效地增加海泡石的表面吸附位点，促进对重金属离子的吸附。也有人用碱作改性剂来活化海泡石，即向海泡石样品中添加20％、10％和5％的 NaOH 溶液，浸泡1h，过滤并干燥以供使用。对碱处理样品的分析表明，无论碱浓度如何，对海泡石结构都没有显著的影响。由此可见，纤维状海泡石的耐碱性良好[36,37]。湘潭海泡石原矿经酸改性处理后的 SEM 图片如图 2-2 所示。

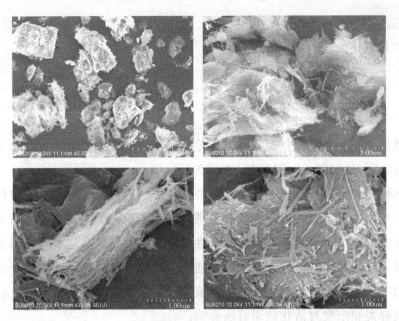

图 2-2　湘潭海泡石原矿酸改性处理后的 SEM 图片

徐应明等[38]对天然海泡石的研究发现，在适当的盐酸浓度条件下，可以完全除去海泡石中的 $CaCO_3$，部分除去 Mg^{2+}，并在海泡石中生成新的内表面，以增加比表面积；在一定范围内，比表面积会随着盐酸浓度的增加而增加，但是当浓度太大时，海泡石的结构会发生很大变化，细小腔孔发生溶蚀，大孔隙率会增加，比表面积将减小；在用盐酸、硫酸和硝酸对海泡石进行改性的实验中，发现通过盐酸改性增加了海泡石的比表面积。在用硫酸进行处理时，海泡石中的 $CaCO_3$溶蚀后形成的 $CaSO_4$ 会继续阻塞海泡石腔孔，并且海泡石比表面积的提高非常有限。不同类型酸活化海泡石比表面积提高顺序依次为盐酸＞硝酸＞硫酸；制备条件为天然海泡石在 6mol/L 盐酸中浸泡改性 72h，海泡石比表面积最大为 301.47m^2/g。

海泡石是一种环境友好型天然黏土材料，在环境治理中有很好的利用价值，也是许多工业部门的重要原料。为进一步增大海泡石的比表面积、提高海泡石的吸附性及改善其表面特性等，许多学者对海泡石进行了一系列活化处理，研究其表面吸附特性。

张高科等[39]对河南西峡海泡石原矿样进行了酸活化试验研究，并且提出比表面积是衡量吸附材料吸附能力大小的重要因素，在研究酸活化效果时，通过比表面积的测试确定最佳值。在活化工艺试验中，采用不同类型的活化酸对除杂后的海泡石原矿进行活化，并且探讨了活化剂种类、浓度及温度等工艺参数的影响。常温下，不同活化酸类型的研究中，经浓度为 6% 的 1 号酸（H_2SO_4，并添加其总含量 1/10 的 HNO_3）和 2 号酸（HCl，并添加其总含量 1/10 的 H_2SO_4）

改性后海泡石的比表面积分别为 $66.44m^2/g$、$98.40m^2/g$，2号酸的活化效果比1号酸要好，但是2号酸的活化操作困难、经济效益差。综合考虑，选择1号酸进行不同浓度和不同温度下的活化试验，试验结果见表2-9。以BET法测定比表面积，得到海泡石原矿、选别提纯矿及酸活化海泡石的比表面积分别为 $36.1m^2/g$、$53.0m^2/g$、$116.8m^2/g$。可见，酸活化海泡石的比表面积最高。

表 2-9　试验结果

项目	比表面积/(m^2/g)		项目	比表面积/(m^2/g)	
1号酸 （常温下）	4%	64.00	1号酸 （100～110℃下）	4%	108.5
	6%	66.44		6%	116.8
	8%	66.08		8%	108.2
	10%	69.01		10%	117.4

徐化方等[40]通过对河南南阳海泡石采用一种复合改性方法，即海泡石活化-盐酸-氯化锰改性方法，使其性能得到一系列优化，得到比表面积增大、吸附性能增强的酸锰改性海泡石，更好地应用于环境修复工程中。主要采用 $1mol/L$ 盐酸对海泡石进行改性，固液比为1:3，在50℃下振荡处理6h，离心分离后将其在50℃干燥器中放置2d，压碎并筛分，即得盐酸改性海泡石。再用氯化锰进一步改性，即制备出酸锰改性海泡石。改性过程使海泡石的比表面积显著增加，从原矿海泡石的 $7.234m^2/g$ 增加到 $27.093m^2/g$，比表面积提高至原来的3.75倍，吸附性能提高了3.54倍，表明该改性剂大大改善了海泡石的性能。

2.3.2　海泡石的水热改性

水热改性是将海泡石与一定量的水混合，然后加到高压釜中，在一定温度下加热，利用水热产生蒸汽进行加压；同时，在搅拌作用下，海泡石纤维可以有效分散。海泡石的水热改性活化方法有利于获得超细且易于分离的海泡石产品[23,41]。通过水热改性处理，海泡石的吸附量会显著改善。

海泡石层间或纤维束有强黏合性，难以在常温常压下进行酸处理去分散纤维以提高活化速率。因此可以先对海泡石进行水热处理使海泡石纤维束解离成细长的纤维，增加纤维和孔之间的比表面积；然后用酸液去破坏镁氧八面体，减少硅氧四面体骨架内的热填充物，使通道更畅通、孔隙率和比表面积增大[36]。

张林栋等[42]对海泡石进行了各种改性，研究其对废水中氨氮的吸附，研究得到海泡石的水热活化控制在160～200℃时对纤维束的解离效果较好，更加有利于后续的酸活化和钠离子交换改性，从而使得海泡石对废水中氨氮的吸附量不断提高，最大氨氮吸附量达到 28mg/g。

2.3.3　海泡石的焙烧改性

焙烧改性是将海泡石在马弗炉内进行加热活化。海泡石结构中存在三种形式的水，分别是吸附水、结晶水和羟基水。吸附水被包含在结构腔或通道中，并被周围离子之间的分子键束缚；结晶水位于结构腔壁上，参与八面体配位，并被镁离子强烈结合；羟基水位于硅氧四面体带和阳离子八面体带之间[43]。

海泡石的焙烧过程即是海泡石的脱水、结构调整和相变的过程，可以去除海泡石结构中的吸附水、结晶水甚至羟基结构水，从而改变海泡石的结构、形态甚至性能[23]。

王吉中等[44]将提纯海泡石在马弗炉内从 200～1000℃ 进行了焙烧处理，研究表明，当热改性温度低于 300℃ 时，吸附水消失，海泡石的结构不发生变化；300～800℃ 时，结晶水消失，部分通道塌陷，晶体发生相移，形成无水海泡石矿物相，比表面积显著降低；当温度在 800～1000℃ 时，海泡石失去羟基水，$CaCO_3$ 完全转化为 CaO，海泡石的结构被完全破坏，海泡石转化为斜顽辉石和方英石。

E. Gonzalez-Pradas 等[45]研究了粒径为 600～800μm 的海泡石在 100℃、200℃、400℃、600℃煅烧改性后的比表面积，分别为 241m²/g、251m²/g、134m²/g、125m²/g。还有人研究了粒径为 75μm 的海泡石的焙烧改性，在 105℃、200℃、300℃、500℃、700℃煅烧改性后的比表面积分别为 342m²/g、357m²/g、321m²/g、295m²/g、250m²/g。适当温度下对海泡石进行热改性可以扩大海泡石腔孔孔径，发生部分溶镁，形成全新的内部孔腔结构，提高海泡石对重金属的去除能力。但是，热改性的最佳焙烧温度不容易确定。

2.3.4　海泡石的酸热改性

酸热改性（热酸改性）是海泡石酸改性与海泡石热改性的联合处理方法，酸热改性在重金属废水处理中应用较为广泛，对特定的重金属处理时，酸热改性方法对重金属的去除效果远远大于海泡石原矿、酸改性海泡石或者热改性海泡石。一般酸改性选择浓度为 1mol/L 的盐酸、硫酸或者硝酸，热改性时焙烧温度选择在 300～400℃。由于海泡石具有良好的力学性能和热稳定性，因此可以通过酸热改性来改善海泡石，以增加其孔隙率或增大孔道，从而增强其吸附能力。

杨翠英等[46]对海泡石进行酸改性和焙烧改性，对海泡石的吸附性能进行了改善，通过大量的实验数据对影响改性效果的各种因素进行探索，得出了对海泡石酸热改性的最佳条件：将预处理后的海泡石原矿，以一定的比例和不同浓度的强酸（硫酸、盐酸和硝酸）进行混合，在一定的温度下进行搅拌后抽滤、烘干；将各种粒度的酸改性海泡石在不同温度下进行加热焙烧。通过海泡石材料对一定浓度和体积的染料液的吸附效果来研究酸热改性对其吸附性能的改善。研究发现，在 220～250℃对海泡石进行焙烧 3h 应较为合理，主要是焙烧温度低于 220～250℃时，随着焙烧温度升高，可以有效地使海泡石失去沸石水，增加晶体中的微孔，从而增加其比表面积并改善吸附性能。当煅烧温度高于 250℃时，随着煅烧温度的升高，海泡石晶体表面烧结收缩，微孔部分消失，表面积减小，表现为吸附性能下降。通过研究不同强酸种类、处理温度、酸浓度、固液比和处理时间对吸附性能的影响，得出最佳改性方法为：采用 1.2～1.4mol/L 的盐酸、固液比 1∶10 或 1∶15，在温度为 80℃的情况下处理 6～8h。

在研究海泡石黏土对植物油的脱色性能时，罗北平等[47]采用硫酸活化和焙烧的方法对海泡石进行活化改性处理，从而制备出性能优于国产活性白土的海泡石活性黏土新型脱色剂。在研究中，主要采用一定浓度的硫酸对海泡石进行活化，并且研究了酸浓度、焙烧温度、焙烧时间、脱色温度等系列因素对于海泡石吸附脱色性能的影响。研究结果显示，硫酸溶液浓度为 4%、焙烧温度为 300℃、焙烧时间为 2h 的条件下制备的粒度为 0.076mm 的海泡石活性黏土脱色效果最佳，脱色率高达 97.7%，与国产活性白土脱色性能的比较见表 2-10。可见，海泡石黏土经过酸改性、焙烧活化处理后，吸附能力将显著增加，在最佳实验条件下，海泡石活性黏土对菜籽油的脱色性能优于国产活性白土，且具有价格优势，可作为一种新型的脱色剂应用于植物油脱色精炼过程。

表 2-10　海泡石活性黏土与国产活性白土的脱色性能比较

黏土类型	吸光度			平均值	脱色率/%
海泡石活性黏土	0.062	0.063	0.061	0.062	97.7
国产活性白土	0.069	0.067	0.067	0.068	96.4

宋慈安等[48]研究海泡石对部分有毒的环芳烃、醇、酮、醛、腈、苯胺类等化学气体的吸附性能时，对海泡石进行了热-酸活化，探讨了其对吸附作用的影响及机理，为进一步研制海泡石吸附剂制品提供理论依据和实验数据。实验原料为湖南浏阳海泡石矿业公司生产的海泡石精矿，通过海泡石的差热曲线（DTA）、热失重曲线（TGA）以及不同温度下的热处理海泡石样品对丙酮和苯乙烯气体

吸附量检测结果，得出在120℃热处理下样品的吸附量最大，随热处理温度升高，海泡石样品的吸附量锐减。较高的温度（＞300℃）使海泡石结晶产生折叠作用而造成表面积减小；温度大于500℃会使海泡石的纤维黏结和紧缩，导致孔道孔径减小、吸附能力明显降低。在热活化研究中确定，可使海泡石晶间孔道沸石水基本脱出的温度为120℃。在酸活化研究中，在用不同浓度的盐酸和硝酸处理的海泡石样品上测试了丙酮和苯乙烯的吸附量，结果表明：盐酸或硝酸浓度为5％～10％的活化样的吸附量最大，浓度＞20％后吸附量锐减，甚至低于未活化样品的吸附量，证实了高浓度的酸会破坏海泡石结晶的基本结构；经过低浓度酸活化后，海泡石的晶胞体积和孔道截面积相对于未活化海泡石均有所增大，且电镜表征显示低浓度酸活化海泡石相对于未活化海泡石纤维束较分散、疏松，可知常温常压下的低浓度（5％～10％）酸处理不会破坏海泡石结构，且在一定程度上可增大其比表面积。从海泡石的化学成分（表2-11）看出，酸活化只是除去海泡石原料中的碳酸盐矿物和部分铁、锰、磷等杂质。用不同方法制备的活化海泡石对一系列有毒气体中丙酮和苯乙烯的吸附速率见表2-12。总体上，各活化方法制备的样品在前4h内的吸附速率远远大于本身在后期的吸附速率；对丙酮的吸附量较大，且酸活化样品的吸附速率一般都大于其他样品，由后续的吸附作用特征可见，吸附能力与不同活化方法有关；相对于丙酮，苯乙烯在样品上的吸附量和吸附速率（尤其是前4h）很小，并且在不同时间段内的吸附量差异很小，24h达到吸附饱和，所以吸附作用特征与吸附质本身的性质有很大关系。

表 2-11　酸活化海泡石的主要化学成分　　　　　　　单位：%

样品处理方法	SiO$_2$	MgO	Al$_2$O$_3$	Fe$_2$O$_3$	CaO	Na$_2$O	K$_2$O	MnO$_2$	TiO$_2$	P$_2$O$_5$
5％HCl活化	55.29	21.24	1.64	0.95	0.76	0.04	0.05	0.01	0.05	0.23
5％HNO$_3$活化	57.75	22.42	1.62	1.02	0.84	0.05	0.05	0.01	0.05	0.21
未活化	48.07	20.23	1.16	1.82	8.27	0.10	0.05	0.02	0.05	0.30
理论值	55.65	24.89								

表 2-12　海泡石对丙酮、苯乙烯气体的吸附速率

单位：mg/(5g·h)

气体	样品处理方法	时间段/h							
		0～4	4～8	8～12	12～16	16～20	20～24	24～28	28～32
丙酮	未活化	69.1	18.6	36.5	18.5	−5.0	−18.1	3.1	1.3
	110℃热活化	154.3	15.8	17.6	29.9	−13.7	−19.9	4.0	−0.3
	5％HCl活化	203.8	21.4	23.9	63.8	36.8	17.4	14.4	13.6
	5％HNO$_3$活化	208.8	18.9	27.3	71.6	23.6	18.6	15.0	17.6

气体	样品处理方法	时间段/h							
		0~4	4~8	8~12	12~16	16~20	20~24	24~28	28~32
苯乙烯	未活化	37.7	2.4	1.2	5.3	9.8	10.2	−1.4	−1.4
	110℃热活化	49.0	9.1	10.5	1.6	2.3	9.3	−6.9	−3.0
	5%HCl活化	63.8	16.1	20.7	18.1	7.7	8.2	10.7	−2.6
	5%HNO₃活化	62.0	24.9	11.5	22.8	21.7	9.7	2.7	−1.2

注："—"表示解吸附。

2.3.5　海泡石的离子交换改性

离子交换改性通常是指将海泡石浸入不同价态的金属离子溶液中，使海泡石结构中的 Mg^{2+} 被具有强极化能力的金属阳离子所取代，并产生酸性或碱性中心，从而使海泡石具有一定的催化作用和吸附作用。由于 Mg^{2+} 不易直接交换，通常先用酸处理来增大海泡石的比表面积，再用金属离子和取代 Mg^{2+} 的 H^+ 发生交换，而不对结构产生重要影响。

Sun 等[49]将海泡石与 $NaAlO_2$-NaOH 混合，在 120℃下水热，用碱性条件洗脱出四面体硅中心，通过离子交换 Al^{3+} 既可以取代镁氧八面体镁中心，又可取代硅氧四面体硅中心，在经过 NaOH 碱洗和 NH_4^+ 离子交换后得到具有催化作用的产物。研究发现，引入 Al^{3+} 会增加海泡石表面的 L（Lewis）酸中心，并能诱导 B（Brønsted）酸中心，并且海泡石的耐热性也得到了改善。

2.3.6　海泡石的有机改性

有机改性是利用有机试剂与海泡石相互作用，通过将具有特定功能的基团在海泡石上附着或在海泡石纤维上聚合，在其层之间引入多功能有机离子，使其结构单元的电子电荷极性化，产生具有特定功能的海泡石产品，可用于离子吸附、表面催化、分子降解、复合阻燃等方向。海泡石的有机改性已在国内外进行了广泛的研究，该技术相对成熟并已应用于实际生产中。

海泡石原矿石板层的表面含有活性中心，主要是 Lewis 酸和 Brønsted 酸等活性中心[50]，它们容易通过范德华力和氢键合力与客体极性离子结合，这使得有机离子难以进入板层间。另外，海泡石原矿通道内的各种杂质导致层板内表面的表面积小、通道小和弱酸性，不利于饱和脂肪胺和海泡石层之间的阳离子交换。由本书"海泡石的酸改性"部分可以看出，酸化处理可以去除海泡石层中的杂质并改善其化学反应性能，质子取代层间镁氧八面体中的配位镁，并且在层之间形成弱酸性的 Si—OH 基团，这有利于有机离子插层进入层间。

目前，已有许多研究学者对海泡石的有机改性进行了大量研究工作。其中，曹伟城等[51]采用热酸法以盐酸作为质子供体对河南西峡海泡石矿样进行提纯和酸化改性，然后用阳离子表面活性剂（十六烷基三甲基溴化铵，CATB）对热酸活化的海泡石进行有机改性，有效制备有机海泡石，研究一系列改性工艺过程中的影响因素对海泡石改性的影响，主要有酸化固液比、时间、温度和酸浓度等。采用 X 射线衍射（XRD）分析、傅里叶-红外光谱（FT-IR）分析和扫描电镜（SEM）显微分析等测试手段分别分析酸化的海泡石和有机海泡石。海泡石酸化处理的四个影响因素的研究中，最佳的酸改性工艺条件为：固液比 1∶24，温度 75℃，时间 24h，酸浓度 1.0mol/L。

其中，固液比是重要的影响因素，时间和温度次之，酸浓度影响最小。增加固液比、延长时间和增加温度可以促进海泡石的酸化作用，改变酸浓度对海泡石的酸化作用没有明显影响，酸化后，海泡石的羟基含量增加，Mg^{2+} 降低。酸活化可有效去除样品中的方解石等杂质，海泡石中的一部分 Mg^{2+} 被 H^+ 取代，与此同时，失去了与 Mg^{2+} 配位的结构水。用 CATB 对海泡石进行有机化后，CATB 铵离子的"头部"进入层间间隙，使得海泡石层间距略有增加。并进一步提高海泡石纯度，经过有机处理后，海泡石层间距从 12.16nm 增加到 12.30nm，从而使有机海泡石纤维解开并变得疏松。

苏小丽等[52]选择江西乐平天然海泡石为原料，以十六烷基三甲基溴化铵为改性剂，通过机械化学方法对有机海泡石黏土进行机械化学改性，再用阳离子表面活性剂进行改性，由海泡石制得的有机海泡石对非极性有机物具有很强的吸附能力，并且具有良好的疏水性和亲脂性，使其应用于亚甲基蓝溶液模拟废水的吸附实验，研究了制备的有机海泡石矿的结构和吸附性能。机械化学改性是在矿物的超细粉碎过程中，通过机械力和化学力的作用来活化矿物颗粒的表面，从而改变矿物的表面晶体结构和物理化学性质，矿物晶体表面有缺陷产生，具有很大的活性，可以使得表面活性剂更好地吸附在矿物上，达到机械化学有机改性的目的。有机海泡石的制备过程主要是：先对海泡石原矿进行磁铁棒搅拌除铁，再用一定浓度的硝酸进行酸化处理，除去杂质和镁、铁等阳离子，增大海泡石的吸附量，然后在 300℃ 下焙烧后制成海泡石精矿；在行星式球磨机中，向焙烧的海泡石精矿中添加十六烷基三甲基溴化铵表面活性剂，以进行机械化学改性，用水洗涤，过滤并干燥，以获得有机海泡石。通过 L9（34）正交实验确定的最佳机械化学改性条件是：磨矿浓度为 50%，改性剂加入量为 100% CEC，球磨时间为 $2.5h$。并且最佳工艺条件下，改性后海泡石对于亚甲基蓝的吸附效果最好，说明改性海泡石的有机质含量越高，越有利于对有机污染物的吸附。

杨胜科等[53]研究了海泡石的有机改性，用于六六六（六氯环己烷，分子式为 $C_6H_6Cl_6$）的吸附和降解研究。用阴离子和阳离子表面活性剂分别修饰海泡石，海泡石经过有机改性，可用于六六六的吸附和降解研究。分别使用阴离子和阳离子表面活性剂对海泡石进行有机改性，在这项研究中，使用 1% 的十二烷基苯磺酸钠（1% DOSO$_3$Na）、1% 的十六烷基苯磺酸钠（1% CTMAB）对破碎的海泡石浸泡 2h，过滤、烘干、研磨过筛后即得有机化改性海泡石。对有机化改性前后的海泡石进行了吸附六六六实验，六六六的总质量浓度为 $0.81mg/L$，未经改性的海泡石对不同异构体六六六的吸附能力不同，均有一定的吸附作用，吸附率由小到大依次为：γ-六六六、δ-六六六、β-六六六，对 β-六六六异构体的去除率最大，可以达到 33%；经 DOSO$_3$Na 有机化改性的海泡石对六六六也有弱的吸附作用，当海泡石用量在 $0.05\sim0.20g$ 时，对六六六总量的吸附率为 $6\%\sim8\%$，在不同异构体中，对 α-六六六的吸附效果优于其他异构体，去除率为 19.651%，高于未经有机改性的海泡石对 α-六六六的去除率；经 CTMAB 改性后的海泡石纤维结构更为蓬松，对六六六的吸附量随海泡石的用量增大而呈明显的增大趋势，效果优于未经改性和经 DOSO$_3$Na 有机化改性的海泡石，特别是当海泡石用量达到 $0.50g$ 时，对 α-六六六、γ-六六六和 δ-六六六的去除率明显提高。当海泡石的用量达到 $1.0g$ 时，α-六六六和 $\gamma+\delta$-六六六的去除率分别达到 17.65% 和 29.56%，对六六六总量的去除率达到 23.95%，这与 DOSO$_3$Na 有机化改性的海泡石相比有较大差别，可进一步研究其他阳离子表面活性剂对海泡石的改性，提高对六六六的吸附效率及降解催化作用。

2.3.7　海泡石的磁化改性

磁化改性也称为无机铁改性。通常，将适当比例的 Fe^{3+} 和 Fe^{2+} 负载在海泡石上以使海泡石具有磁性，利用 Fe^{3+} 的氧化作用和海泡石的吸附性能去除废水中的重金属离子。不仅可以在一定程度上提高海泡石去除重金属离子的能力，而且由于其具有磁性，吸附饱和后很容易进行回收，解决了海泡石易分散、难以回收利用的问题，它广泛用于处理重金属废水。

谢治民等[54]在研究海泡石的改性和含锑废水的吸附性能方面，使用 5% FeCl$_3$ 溶液改性海泡石来制备铁改性的海泡石（iron modified sepiolite，IMS）吸附剂。将海泡石原土矿进行提纯后，对制得的海泡石精粉进行磁化改性，分别加入海泡石质量分数 2.5%、5.0%、10% 的 $FeCl_3$ 溶液，制备不同改性剂用量的海泡石吸附剂。研究了海泡石精粉、2.5%IMS、5%IMS、10%IMS 对 50mg/L 锑溶液的吸附效果，IMS 质量分数对吸附效果的影响见表 2-13。可见，铁改性海泡石可作为新型环境友好材料用于含锑废水的处理，铁改性海泡石除锑效果优于海泡石精粉，且去除率随着改性剂质量分数的增加而增加，可选用 5%$FeCl_3$ 溶液作为改性剂。

表 2-13 IMS 质量分数对吸附效果的影响

项目	海泡石精粉	2.5%IMS	5%IMS	10%IMS
反应时间/h	2	2	2	2
剩余锑质量浓度/(mg/L)	39.45	19.40	7.70	3.75
去除率/%	21	61	85	92
平衡吸附量/(mg/g)	5.18	15.16	20.92	22.98

2.3.8 海泡石改性专利

由于天然海泡石具有缺陷，几乎没有直接被应用。为了利用其优异的性能，通常需要改性修饰海泡石。上面的内容介绍了目前对海泡石进行活化改性的诸多方法以及一系列研究。为提高海泡石的应用价值，可将其应用于工业生产、生活等领域，进行了许多有关海泡石改性的技术发明创造。

胡智文等申请的"一种有机海泡石的制备方法"[55]主要是针对聚合物-层状硅酸盐纳米复合材料的制备和使用提出的，目的在于制备出合适的有机海泡石。该发明对现有的海泡石进行有机改造，提供了一种使用环氧氯丙烷与 1,6-己二胺制备含有羟基的聚合物的方法，该方法可以增加海泡石的亲水性，然后与三乙胺反应得到季铵盐，以生产有机海泡石。这种有机改性方法增加了海泡石的比表面积、提高了活性，并增大了晶片层间距，从而增加了海泡石材料对有机相的亲和性。

有时需要多种改性方法相结合的手段以提高海泡石材料的性能。蔡昌凤等申请的"一种改性海泡石的制造方法"[56]（已授权）主要制备步骤包括：酸化处理、离子交换改性、加表面处理剂改性、氨水矿物改性。该方法使得天然海泡石改性后吸附能力提高，可以在菌种驯化、扩培后与投入的材料充分接触，并且通过改性提高改性海泡石吸附重金属的能力。

吴雪平等申请的"一种有机改性海泡石吸附剂的制备方法"[57]（已授权）主要是针对环保技术领域水污染中苯酚的吸附脱除而提出，制备方法是以海泡石为模板，以纤维素作为碳源，依次经过酸化处理和水热反应后得到。有机改性后的海泡石吸附剂，其亲有机性得到改善，对有机污染物的吸附能力得到提高，制备的复合材料对苯酚的去除率由海泡石原样的 3% 提高到 92%，提高至原先的近 31 倍。

2.4 海泡石功能化应用研究

2.4.1 海泡石/聚合物复合材料研究概况

由于海泡石特殊的纤维结构和较好的表面物理化学性能，以及其低廉的价格，国内外学者对海泡石不断进行开发推广应用，其中在聚合物改性方面的研究不断增加，海泡石在聚合物复合材料中的研究和应用越来越广泛，在橡胶、塑料、涂料等领域均有广泛应用。

首先，海泡石可以直接改性聚合物，作为填充材料对橡胶基体进行补强，以提高其综合性能。海泡石对橡胶具有补强作用主要是由于海泡石纤维的沸石孔道、孔洞以及海泡石凝聚体粒子内可以吸附大量的橡胶链，并且海泡石丰富的硅羟基具有较大的化学活性，能够与橡胶分子链中的双键进行化学作用，在体系中存在较强的橡胶-粒子界面黏结作用，海泡石凝聚体能够起到多重交联作用，从而对橡胶进行补强，赋予橡胶较好的力学性能。但是橡胶多呈非极性，在非极性聚合物基体中，表面呈极性的海泡石易于团聚，因此，在对橡胶进行补强作用时，为了提高海泡石的分散性、强化海泡石-橡胶界面的黏结作用需要对海泡石进行表面有机改性，改性剂主要采用偶联剂或表面处理剂。

丁德宝等[58]研究了硅烷偶联改性海泡石对三元乙丙橡胶（EPDM）的补强作用，采用 γ-甲基丙烯酰氧基丙基三甲氧基硅烷（KH570）对提纯海泡石进行表面改性，制备了橡胶补强填料。对橡胶的力学性能进行测定，并结合一系列测试表征手段，对 EPDM 的补强机理进行了研究分析。结果表明，当添加 KH570 的质量为海泡石的 4% 时，橡胶的力学性能最好，相比于未改性海泡石制备的复合橡胶，拉伸强度提高了 51.25%，扯断伸长率下降 17.89%，有效提高了橡胶的力学性能；因为偶联剂能够水解，产物可以与海泡石上的 Si—OH 发生脱水缩合反应，从而在海泡石表面沉积形成物理包覆和化学键合，并且偶联剂支链上的基团能够使海泡石的表面性质产生变化，从而有效增强其与橡胶的相容性和分散性，有效补强橡胶。

还有研究[59]采用三乙醇胺、月桂酸及吡啶对海泡石进行表面改性，将改性后的海泡石用于橡胶的制备，主要研究表面处理剂的配比、表面处理时间、干燥温度这些因素对橡胶性能的影响，并且对比了陶土和碳酸钙对橡胶性能的补强效果。通过研究可知，改性处理后的海泡石用于制备橡胶，可以显著提高橡胶的物理性能，特别是使用月桂酸和吡啶对其进行改性，较大程度上提高了材料的力学性能；改性后的海泡石的综合性能要优于陶土和碳酸钙，比炭黑要差；可以将海泡石作为一种新型橡胶无机填料，用于橡胶的中等补强。

韩园园等[60]采用溶液共混法制备了纳米级有机改性海泡石/氟橡胶复合材料，考察了有机海泡石用量对复合材料耐介质性能的影响，主要对热空气、盐酸、氢氧化钠及润滑油这些介质进行了考察。溶液共混法制备氟橡胶包覆有机海泡石胶粒的过程中，纳米级的有机海泡石纤维可以均匀分散在氟橡胶基体中，并且保持原有的纤维结构。研究结果表明，随着有机海泡石用量的增加，复合材料的拉伸强度呈现出先增大再减小的趋势，硬度持续增大；当添加 10 份有机海泡石时，制备出的复合材料的力学性能最好，并且在不同介质的老化作用下能够保持较高的性能；复合材料在热空气和高温润滑油中的质量、尺寸稳定性较好，质量损失率变化幅度小于 1%；综合来看，四种介质对复合材料的影响作用为：高温碱（NaOH）＞高温酸（HCl）＞高温油＞热空气。

此外，随着高纯度海泡石的开发应用，海泡石纳米复合材料在环氧树脂方面的相关报道越来越多。

鹿海军等[61]以环氧树脂为研究对象，采用阳离子表面活性剂（十二烷基苄基二甲基氯化铵）对海泡石纤维进行处理，通过高速剪切和液体球磨法制备了新型海泡石/环氧树脂复合材料。结果表明，表面活性剂能够较好地被海泡石纤维吸附，改性处理能够显著提高海泡石与环氧树脂界面的相容性，从而提高材料的力学性能。

郑亚萍等[62]也对海泡石/环氧树脂纳米复合材料进行了相关研究，采用改性海泡石作为填料，将其添加到环氧树脂基体中，制备出海泡石/环氧树脂插层复合材料，探讨海泡石对环氧树脂基体反应性、力学性能以及热性能的影响。海泡石的加入没有影响环氧树脂的工艺性，并且纤维状的海泡石使得环氧树脂基体的力学性能和玻璃化转变温度大幅度提高；当海泡石添加量为 1% 时，材料的冲击强度提高了 5 倍，弯曲度提高了 2 倍，玻璃化转变温度提高了 50℃，使复合材料的综合性能显著提高。

张国彬等[63]采用特殊的分散方法将海泡石纤维均匀分散在环氧树脂中并使其充分混合，制备了环氧树脂纳米复合材料，并对其进行性能测试，研究了海泡石的加入对环氧树脂的胶化时间、固化程度和力学性能的影响。研究结果表明，海泡石的加入不会影响环氧树脂的反应性，而且可以使环氧树脂体系的弯曲强度与冲击强度得到大幅度提高，可见，海泡石不会影响环氧树脂的工艺性，并且能够改善其力学性能。

David 等[64]制备了尼龙 6/海泡石纳米复合材料（聚酰胺-6，即尼龙 6），评估了改性剂与海泡石的比例对最终制备的纳米复合材料性能的影响以及海泡石对聚合物基体的催化作用。结果表明，有机改性海泡石的存在有利于尼龙 6 的结晶度，但海泡石的催化作用随着改性剂用量的增加而降低，由于改性剂相对海泡石过剩时，海泡石的沸石通道或内部空间充满了改性剂，导致催化活性降低；当使用过少的改性剂时，改性剂与海泡石之间不会发生相互作用，这不利于海泡石与尼龙 6 热熔混合，海泡石的分散受到影响。

2.4.2 海泡石基催化剂载体研究概况

目前，广泛应用的催化剂载体主要有 Al_2O_3、沸石分子筛和 SiO_2，但是存在稳定性差、使用寿命短等问题。海泡石是具有独特的纳米结构孔径的含镁多链硅酸盐矿物。它具有大的孔体积和比表面积、强的吸附能力、良好的化学稳定性和大量的酸碱中心。它是一种功能性的非金属矿物材料，化学组成与传统载体相类似，特别适合用作催化活性成分的载体材料，能够将各类催化剂单质或化合物吸附进入海泡石孔道内，使其具有一定的催化作用，并且还可以与其他催化剂产生协同催化作用[65]。海泡石结构的特殊性决定了它具有良好的物化性能，因而在废水、废气的处理等化学催化领域的应用日益广泛。

我国的海泡石资源丰富且分布广泛，但由于技术问题，利用率较低。因此，海泡石原料的研究与开发具有非常重要的经济价值和现实意义。在当今环境污染日益严重的状况下，用这种天然矿物材料负载催化剂，可以提高目标污染物与催化剂的接触，从而提高催化剂的催化活性，有望制备出各种在污染物治理领域有广泛使用前景且环境友好的海泡石复合催化剂材料。天然海泡石矿物作为催化剂载体，具有原料来源广泛、生产成本低、使用方便、可重复使用且无二次污染等优点，是一种具有广阔发展前景的环境污染处理材料，对于矿物资源的高效利用和环境保护具有重要意义。但由于海泡石的天然比表面积低、表面酸性弱等原因，限制了其实际应用，故在实际应用之前，应先对其进行化学改性处理（即活化），使其适宜于作催化剂的载体。

海泡石的改性是海泡石负载催化剂前的必要流程，海泡石改性程度及改性方式的选择较大程度上决定了海泡石载体催化剂的性能优劣。目前常用的改性方法有酸改性、热改性、焙烧改性等，在前面已经进行了详细叙述。

海泡石负载催化剂是制备海泡石载体催化剂的最后一个步骤，负载效果的好坏会直接影响催化性能，所以海泡石负载催化剂方法的选取极为重要。目前的研究中，海泡石负载催化剂制备的方法主要有水热-还原法、微乳液-海泡石浸润法、溶胶法、浸渍-还原法。在日本，有利用海泡石作载体负载 Pt 制备净化 NO 催化剂的报道，但仅局限于与一般的常规催化剂如 γ-Al_2O_3 的比较，证明其有催化效果。J. Blanco 等[66]采用将 V 和 W 沉积在海泡石上的方法制备出了脱除 NO_x 的催化剂，证实当热处理至 800℃ 以上其结构依然稳定。

贺洋等[67]选用河北易县的纤维海泡石原矿，对其进行提纯处理，采用水解沉淀法制备出纳米 TiO_2/海泡石复合粉体材料，研究以室内甲醛气体为降解对象，考察了 TiO_2 复合材料的光催化性能。甲醛降解性能试验在环境舱中进行，反应过程中每隔 1h 采样一次，采用乙酰丙酮分光光度法测其浓度。结果表明：在紫外光照射情况下，海泡石和复合粉体对初始浓度 4.347mg/m³ 下甲醛进行降解，降解率与反应时间的变化关系见图 2-3，复合粉体对甲醛的降解先快后趋于平缓，在 2h 以后甲醛气体浓度降至 0.100mg/m³，降解率达到 98%，对甲醛具有较好的光催化降解作用。对甲醛的降解机理为：TiO_2/海泡石复合粉体材料首先将甲醛气体吸附捕捉，然后通过负载在海泡石粉体上的 TiO_2 将其光催化分解为二氧化碳和水，从而有效降解甲醛。

光催化氧化作为一种新型水处理技术，具有高效、低能耗等优点。TiO_2 由于具有稳定的化学性质、高效能、低成本的优点，被广泛应用于光催化剂研究中。目前多是直接采用粉状 TiO_2 进行光催化氧化反应，尽管它可以有效地氧化水中许多难降解的有机污染物，以达到脱色、除毒、除臭甚至完全降

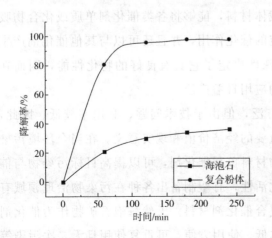

图 2-3　甲醛降解率曲线

解为小的无机分子（如 CO_2 和 H_2O）的目的，但存在难以与水进行分离、催化剂用量较大、活性低、寿命短和难以回收等问题。为解决光催化材料制备领域现有问题，针对粉状 TiO_2 的缺陷，张娜提出了一种制备过程简单、光催化性能高、易于回收再利用的 TiO_2/海泡石复合材料制备方法[68]，TiO_2/海泡石复合材料制备方法中，先对海泡石进行改性，采用去离子水进行浸泡、分离过滤后，用 1.0mol/L 的 HCl 溶液进行酸处理；采用溶胶-凝胶法制备 TiO_2 纳米溶胶，采用浸渍法将 TiO_2 负载于海泡石的表面，即得到 TiO_2/海泡石复合材料。将制得的材料对浓度为 20mg/L 的士林大红溶液进行光催化降解实验，实验结果表明，对染料士林大红的降解率达到 87%，具有较高的光催化性能。

海泡石作为催化剂载体也广泛应用于室内有机污染物的治理研究。涂料中均会添加相应的添加剂用于除甲醛，但是目前现有的除甲醛添加剂效果均不佳，净化效率很低，添加剂的选择以及制备方法上存在问题，无法提高添加剂的吸附性能，不能从根本上完全净化甲醛。为解决现有添加剂效果不佳、净化率低的问题，程俊等[69]提供了一种海泡石/纳米 TiO_2 复合材料的合成方法，该发明方法以海泡石和钛酸四丁酯为原料，采用原位聚合法合成海泡石/纳米 TiO_2 复合材料，先将海泡石、钛酸四丁酯、乙醇混合，搅拌溶解、超声分散；逐渐升温使乙醇完全挥发后，加入盐酸和水，蒸干、洗涤、烘干、煅烧后所得粉末即为海泡石/纳米 TiO_2 复合材料。采用 JC/T 1074—2008《室内空气净化功能涂覆材料净化性能》中的方法对海泡石/纳米 TiO_2 复合材料进行了性能测试，使用 $1m^3$ 的玻璃舱进行测试，甲醛初始量为 $30\mu g$，48h 后甲醛量分别为 $2.059\mu g$、$2.374\mu g$、$2.968\mu g$、$3.059\mu g$，海泡石/纳米 TiO_2 复合材料对 4 块玻璃板相对应的甲醛净化效率分别为 93.1%、92.0%、90.1%、89.8%。可以看出，该发明制备出的海泡石/纳米 TiO_2 复合材料具有良好的除甲醛能力，可作为一种优异的涂料添加剂。并且采用海泡石作为光催化剂载体，具有价格低廉、比表面积大、材料强度高、稳定性较好、不易腐蚀等优点，同时海泡石自身的酸性和碱性中心可以活化络合物以促进降解反应的发生，可以使负载在海泡石载体上的光催化剂尽可能多地被光照激活，最大限度发挥光催化效应；此外，海泡石具有优良的孔道结构，良好的表面荷电效应和孔道效应，良好的吸附、过滤、载体功能和离子交换等功能，这些优点使得海泡石成为一种理想的 TiO_2 光催化载体。该发明制备的海泡石/纳米 TiO_2 复合材料充分发挥了海泡石对于 TiO_2 的吸附和分散作用，不但可以解决纳米材料难以分散和团聚的难题，还可以增强纳米材料的光催化性能，其具有良好的除甲醛能力，用于涂料中，可大大提高涂料对甲醛的净化能力。

2.4.3 海泡石作自调湿材料研究概况

空气相对湿度是衡量室内环境舒适度的一项重要参数，各种工艺美术品、文物档案以及贵重仪器的保护程度也与湿度息息相关，最适宜的相对湿度范围在40％～60％，因此，需要采取各种方法来控制湿度。常规的方法有通风、喷淋及室内绿化等。目前市场上也有许多调湿产品，比如除湿机、调温调湿器、调湿板材、墙纸、涂料等。因此，在不消耗人工能源和机械设备的前提下，能够借助调湿材料对空气中的湿度进行调节具有十分重要的意义。

"调湿材料"是指依靠自身的调湿特性，自动吸放调节室内空气湿度的材料，具有自律调节湿度的能力。吸湿和放湿量还与材料所处外界湿度相关，高湿度环境下材料进行吸湿，低湿度情况下材料进行放湿。这种现象是由于水的分压，当外界水分压改变，海泡石纤维内部水分子也随着相应变化，这样海泡石纤维随着周围环境的湿度改变而发生变化，对周围环境的湿度起着调节作用，即可起到自调湿作用。

目前存在的调湿材料种类较多，海泡石具有特殊的晶体结构，其孔隙丰富、比表面积较大，经适当温度活化处理后，在湿度不同条件下，海泡石纤维出现高效自调湿性能，再加上海泡石纤维本身属于天然黏土矿物，无毒、无害、无污染，因此海泡石纤维是一种理想的绿色环保型高效自调湿材料。有人用海泡石吸收空气中的水分，研究将其作为自动调节空气湿度的调湿材料。

吕荣超等[70]对海泡石应用于调湿材料方面进行了研究，测试了海泡石以及海泡石复合样品的吸湿能力和放湿能力。研究发现，海泡石的吸湿能力强于坡缕石，海泡石和白水泥复合调湿材料可以使一定环境内的湿度稳定在40％～50％，在多次循环实验后调湿能力有所下降，不过也能满足调湿要求，因此，海泡石在湿度调节方面有巨大潜力。

王汉青等[71]以海泡石作为调湿功能涂料，分析了调湿涂料成品的实际吸湿性能。研究表明，要在涂料制浆的同时添加海泡石粉才能有效配制海泡石调湿涂料；研究中配制的海泡石调湿涂料在门窗关闭时能够较好调节湿度，海泡石使用量为20％的涂料调湿效果好于15％海泡石的涂料；在门窗全开的情况下，空气的流动会严重影响涂料的调湿效果，但是这不能说明没有除湿；在实际中，房间的门窗大多数时间处于关闭或者部分关闭，因此，海泡石调湿涂料在实际应用中能够取得较好的调湿效果。

郭振华等[72]对河北省易县白马店的天然海泡石材料进行纤维剥离和活化处

理后，制备了海泡石纤维自调湿材料，对其吸湿、放湿性能进行了测试，研究了活化温度对其吸放湿性能的影响。结果表明：海泡石纤维活化温度不同，导致其结构性质不同，同时也直接影响吸湿和放湿性能。当海泡石纤维经200～250℃活化处理后，加热6h时，海泡石纤维的微孔较多、孔隙率和比表面积达到最大，有理想的自调湿性能，可以达到最大吸湿量和放湿量，因此海泡石纤维是一种理想的高效自调湿材料。

2.5 海泡石吸附机理及性能研究

2.5.1 海泡石吸附机理

海泡石是一种多孔性物质，比表面积大，具体良好的吸附性能，且廉价易得，已引起人们的重视，进行了许多利用其吸附能力在脱色、废水和废气治理方面的研究。

所谓吸附即是指利用多孔固体物质的孔道将废水、废气中的一种或多种物质吸附在固体表面而去除的方法[73]，其中，具有吸附能力的多孔固体物质是吸附剂；废水、废气中被吸附在固体上的物质是吸附质。随着环境问题日益被重视，吸附法被广泛应用于各种污染治理中，主要有微量污染物的吸附、脱色、除臭、重金属离子和溶解性吸附质的去除及放射性元素的治理等[14]。

溶质能够被吸附在固体颗粒的表面，主要是由于：

① 溶质具有疏水性　当溶质的亲水性较强时，溶解度比较大，被充分溶解到水（汽）中，很少向固体颗粒表面运动吸附；相反，溶质具有强疏水性时，会较多被吸附在固体表面。

② 溶质对固体颗粒的亲和力　溶质和固体表面会有相互作用，被称为吸附作用力[74]，主要分为范德华力、化学键和静电力[75]。

根据相互作用力的性质不同，吸附可以分为三类：

（1）物理吸附

物理吸附是指吸附剂和吸附质之间的吸附作用力由范德华力引起。物理吸附一般在低温下发生，是一个放热过程，放热较少，一般低于41.9kJ/mol，吸附速度较快；物理吸附是首先发生的，因而没有选择性，但是由于吸附剂的孔径结构的影响，会对一些分子表现出一定的吸附选择性；一般既有单分子层吸附，也有多分子层吸附。

（2）化学吸附

化学吸附可以看作是吸附剂和吸附质之间发生化学反应，产生共价键，从而引起吸附作用。化学吸附的吸附热较大，一般在高温下才可以进行；化学吸附靠化学键力形成，一种吸附剂只能对某一种或几种吸附质发生化学吸附，因此化学吸附具有选择性[73]。

（3）离子交换吸附

离子交换吸附是一种特殊的吸附过程，在静电力作用下，吸附质的离子会聚集在吸附剂表面带电点上，能够置换出该带电点上的其他离子，其实质是离子的置换反应，通常是可逆化学吸附[14]。

物理吸附、化学吸附和离子交换吸附并不是孤立存在的，在一个反应系统中，可能某一种吸附是主要的，多数情况下，往往是几种吸附的综合结果。

海泡石吸附作用机理一般包括静电作用、表面络合作用和离子交换，其实质也就是物理吸附、化学吸附和离子交换吸附。海泡石应用于环境治理中的吸附机理往往是三种吸附类型同时都起作用，只是对于不同的吸附质和海泡石的改性特点，在一个系统中，某一种或两种吸附作用起主要作用。

2.5.2　海泡石吸附性能研究

海泡石因储量较大、价格低廉、处理成本较低、二次污染较小、可重复使用且吸附性及离子交换能力良好等优点，在环保方面的应用愈加广泛，已被应用于污水处理、气体污染治理、脱色、除臭等方面。

（1）处理金属离子废水

利用改性海泡石处理重金属废水取得了较好的研究进展，在含 Cr、Pb、Cu、Cd 和其他金属废水方面，有着较强的去除效果。

其中，在含 Cr 废水处理方面，郭添伟等[76]选用江西乐平海泡石矿，采用酸-热活化法对提纯海泡石进行改性制备改性海泡石吸附剂，用于处理景德镇某厂含 Cr 电镀废水，研究表明，在溶液 pH＝5，温度 20℃，吸附时间 8h 下，废水中

Cr^{6+} 浓度由原液的 18.6mg/L 降至处理后的 0.15mg/L，对 Cr^{6+} 的去除率达 98%以上，达到国家排放标准，可见改性海泡石对于含铬电镀废水中的 Cr^{6+} 有良好的吸附效果。

在含 Pb、Cu 和 Cd 废水方面，金胜明等[77]采用湖南浏阳永和海泡石，用盐酸对其进行处理后在 420℃下灼烧，制备了表面改性的海泡石，在室温下进行含 Pb^{2+}、Cd^{2+}、Hg^{2+} 的吸附去除实验，吸附效果较好，可以使废水中的重金属离子含量显著低于 GB 8978—1996 中允许的最高排放浓度，详见表 2-14。

表 2-14　冶金废水处理实验结果　　　　　　　　　　单位：mg/L

金属离子	原液浓度	处理后浓度	国家允许排放标准
Pb^{2+}	18.5	0.07	1
Cd^{2+}	13	0.03	0.1
Hg^{2+}	10	0.01	0.05

侯立臣等[78]采用湖南浏阳海泡石原矿进行活化研究，采用不同浓度的 HCl、H_2SO_4、HNO_3 作为活化剂，制备活化海泡石，在 200～300℃下焙烧后制得海泡石吸附剂，经表征分析，制得的活化海泡石吸附剂杂质含量减少，比表面积和比孔容均增加，吸附效果明显增加。在 pH＝6 时，海泡石对 Cd 和 Zn 的吸附容量可达 17.1mg/g 和 8.13mg/g，因而可作为含 Cd 和 Zn 废水的处理材料。对 Cu^{2+} 有良好的吸附作用，其 $1/n<0.5$，达到了容易吸附范围，且有很快的动力学吸附速度，2h 内即可达到吸附平衡，吸附率超过 80%。活化海泡石吸附剂与活性炭吸附剂对 Cu^{2+} 的吸附比较见表 2-15，海泡石吸附剂对于 Cu^{2+} 的吸附量比粒状的活性炭稍低，比粉状的活性炭要高，但是海泡石吸附剂具有较大的价格优势，其一次吸附费用仅为活性炭相应费用的 3%～8%，当进行吸附剂回用时，费用更低。活化海泡石吸附剂的制备工艺较为简单、价格低廉，可以作为一种新型的重金属离子吸附剂进一步开发应用。

表 2-15　活化海泡石与活性炭吸附 Cu^{2+} 比较

吸附剂名称	吸附剂/(mg/g)	去除率/%	参考价格/(元/t)	一次处理费用/(元/kgCu²⁺)
活性炭（粒状）	6.66	99.9	14000	2102
活性炭（粉状）	6.34	95.1	5000	797
活化海泡石	6.38	95.7	400	63

（2）处理染料废水

印染废水具有色度高、化学成分复杂、难以生化降解等特点，有的还具有致癌作用，是难治理的工业废水之一。传统的生化法对染料降解不充分，大量的研究集中在吸附工艺方面，吸附法在去除废水污染物方面是最具前景的方法之一。为了降低在污水脱色处理中的成本，开发了一系列天然黏土类吸附剂。海泡石作为工业废水处理的优良吸附剂，在染料废水的治理中已有许多研究报道。

王亮等[79]采用硫酸、高温、硫酸/高温对河南省内乡县东风海泡石厂的海泡石进行研究改性，以桂林市某文具厂的蓝色墨水成分之一的亚甲基蓝模拟废水亚甲基蓝进行吸附研究。吸附结果表明，硫酸/高温复合改性显著增加了海泡石的中孔比例和孔体积，平均孔径达到了 9.74nm、孔体积达 $7.064 \times 10^{-2} cm^3/g$，分别提高了 117% 和 92.6%；相比于未改性海泡石，复合改性海泡石对亚甲基蓝的吸附量提高了 47.8%，达到了 41mg/g。

范莉等[80]采用河南省内乡县冶金化工材料厂的海泡石进行研究，对原矿海泡石进行精制提纯后采用盐酸处理，研究海泡石对亚甲基蓝的吸附性能。海泡石具有沸石水晶间孔道和丰富的吸附中心，可以有效吸附小体积分子亚甲基蓝进入内部孔道，实现对亚甲基蓝的有效去除，尤其经 HCl 改性后吸附能力明显加强，其饱和吸附量大于一般海泡石。

贾堤等[81]将海泡石用作染料吸附剂进行了研究，结果表明，热酸活化可使海泡石的脱色能力提高 20%～30%，当海泡石的投加量为 2g/L 时，活性翠蓝的去除率可达 96%。

李计元等[82]也在有机海泡石吸附有机染料方面做了许多研究，以十六烷基三甲基溴化铵为改性剂对海泡石进行改性制备有机海泡石吸附剂，将其用于甲基橙模拟印染废水的去除研究。甲基橙初始浓度为 100mg/L、吸附 120min 时，有机海泡石用量为 1.0g/L、pH 值为 5、温度为 30℃ 是最佳吸附参数，对甲基橙的去除率高于 80%，有机海泡石对甲基橙的吸附量显著高于原矿和酸活化海泡石，且其吸附符合 Langumir 等温吸附式。

马玉书等[83]制备了具有良好吸附性能的磁性海泡石，研究其对碱性染料次甲基蓝模拟废水的吸附性能，吸附量随时间的延长而增大，120min 后达到吸附平衡；动力学研究表明，吸附过程符合准二级动力学模型；热力学研究表明，对次甲基蓝的吸附是一个自发的物理吸附过程。

（3）气体净化

海泡石作为优良吸附剂，不仅仅在工业废水污染物治理方面被广泛应用，其特有的孔道结构也适合于收纳有害的挥发性有机物分子，因此海泡石被广泛用于治理气体污染方面。

段二红等[84]为解决现有治理苯乙烯技术所存在的缺陷，提供了一种由水热-盐酸改性海泡石吸附苯乙烯废气的方法，改性海泡石吸附剂的制备方法主要是：首先将原始低品位海泡石与水混合，加热、搅拌、过滤后干燥，再将得到的水热改性海泡石与一定浓度的盐酸进行反应，从而制得水热-盐酸改性海泡石，海泡石的比表面积、孔容和孔径均有较大提高，对苯乙烯也有很好的选择吸附性，并且改性的海泡石吸附苯乙烯恶臭废气的过程简单、绿色无污染、成本较低，有效实现了苯乙烯的吸附回收、减量化和无害化。

汤春林[85]针对大气环境中甲醛污染问题提出了海泡石基甲醛吸附剂，在采用湖南鸿雁海泡石科技有限公司对天然海泡石进行提纯（提纯后海泡石纯度在80%以上）技术的基础上进一步活化改性的制作工艺，使其孔道杂质充分得到酸化溶解，保证海泡石的孔容量，促使海泡石表面呈永久性负电荷，制得用于室内环境污染治理的吸附性净化材料海泡石空气净化剂，填补了海泡石作为空气净化产品的市场空白，在同等检测条件下，该海泡石空气净化剂吸附甲醛的能力大大超过炭类产品，甲醛去除率≥86%，可有效去除室内甲醛。

第 3 章

海泡石用途

3.1　海泡石吸附性能应用

3.1.1　吸附剂

海泡石的内部是一种三维的立体骨架结构，其中硅氧四面体与镁氧八面体二者是由共同的顶点相互连接，海泡石的结构与沸石分子筛的结构有点类似，这是因为在海泡石的整个结构中遍布着无数孔道，所以海泡石也是一种多孔性的物质[86]。这种特殊的结构使得海泡石具有巨大的比表面积、极强的吸附能力、良好的力学性能、热稳定性以及分子筛功能，因此海泡石是一种非常好的吸附剂。同时，当与其他物质发生吸附作用的时候海泡石优先吸附极性较强的物质，这主要是因为在海泡石的表面分布着大量的碱性中心 $[MgO_6]$ 和酸性中心 $[SiO_4]$，使得海泡石极性较强，能够对极性物质进行优先吸附[87]。

将海泡石与其他任何一种黏土矿物进行实验比较，可以发现其中吸附能力最强的就是海泡石。同时，将海泡石浸透后发现海泡石很难崩解，因此，它也具有良好的力学抗性。这种特殊的性质使得各种粒级的海泡石都可以被用来当作水或油的吸附剂。海泡石的吸附性能见表 3-1。

表 3-1　海泡石的吸附性能[88]

项目	数据			
粒度（ASTM）/目	6/15	6/30	15/30	30/60
容积密度/(g/L)	450～500	450～570	530～570	550～600
水吸附率（FORD 试验）/%	80～90	95～105	105～115	110～120
油吸附率（FORD 试验）/%	65～70	75～80	80～90	90～100
SAE 10 油吸附率（WESTINGHOUSE 试验）/%	60～65	70～75	75～85	85～95
SAE 20 油吸附率（WESTINGHOUSE 试验）/%	55～60	65～70	70～80	80～90
壳率/(kg/cm²)	—	3.5～4.0		
湿度/%	12±3	12±3	12±3	12±3

注：ASTM 为美国实验材料协会标准，数据来自 Tolsa 技术资料卡片：23-82。

海泡石对湿气和有机蒸气具有较好的吸附能力。虽然海泡石的初始吸附率远小于硅胶和活化氧化铝，但是对其他的有机溶剂（例如己烷、苯、甲醇等）而言，海泡石的吸附能力则更强。海泡石对有机蒸气及有机溶剂的吸附性能见表3-2。

表3-2　海泡石对有机蒸气及有机溶剂的吸附性能[88]　　单位：mg/g

时间/h	己烷蒸气			苯蒸气			甲醇		
	海泡石	SiO_2	Al_2O_3	海泡石	SiO_2	Al_2O_3	海泡石	SiO_2	Al_2O_3
3	11	18.5	12	—	—	—	16.4	22.9	10.7
24	27.6	26.4	23.1	40.9	28.9	25	26.5	30.4	23.8
120	27.3	27.3	24.6	58.6	30.1	28.7	33.6	31.5	25.7
480	45.6	27.3	25.4	60.7	31.7	31.3	45.2	31.9	27

可以把海泡石原矿直接作为吸附剂使用，也可以将其加热至200～300℃，通过高温来脱去海泡原矿石所含吸附水和沸石水，这种处理方法对其表面积影响小，同时还能够增加它的吸附性能。

海泡石作为吸附剂使用，目前广泛应用于重金属离子废水、有机废水、有色废水、无机非金属废水的处理。

（1）对重金属离子废水的处理

重金属元素所具有的三大特点：①进入生物体内以后不能够被生物降解；②长时间吸收后容易在体内富集；③在生物体内持久存在，不易消除。因此当人体内所吸收的重金属的含量超过一定浓度，就会对人体造成威胁，甚至会危及生命。重金属元素还会对生态系统造成严重的破坏。目前，吸附法是处理重金属离子的首选方法。当采用吸附法处理废水中的重金属离子的时候，也能够将某些贵重的重金属离子加以回收，然后进行重复利用，以此达到国家所倡导的节能环保的目的。由于各种离子空间结构的不同，海泡石对各种重金属离子的吸附交换能力也不同。对含有多种离子的溶液进行吸附时，海泡石对半径小、电荷高的离子优先吸附。大量研究表明：在众多的离子中，海泡石对于去除 Cu^{2+}、Zn^{2+}、Co^{2+} 具有明显的效果。同时，对海泡石吸附的过程具有影响的还有以下几个方面：溶液的 pH、溶液离子强度、海泡石的粒径、海泡石用量、金属离子的浓度、吸附时间等[89-91]。有人通过研究海泡石对铅、镉、锶三种重金属离子的吸附机理，发现海泡石可以有效地去除废水中的铅、镉、锶三种重金属离子，但是吸附效率却不同，它们的吸附效率大小依次为 $Pb^{2+} > Cd^{2+} > Sr^{2+}$。

（2）对有机废水的处理

随着我国科技的不断创新，现代工农业也随之发展，各种农药化肥的残留物以及工业废物等有机污染物开始不断被排放出来，进入环境中。这些有机污染物具有以下特征：持久性、累积性、高毒性。将这些有机污染物排放出来不仅会污染到外部的环境、破坏整个生态平衡，而且这些污染物还可以通过食物链在人的身体里富集，严重危害人体的健康。因此，现在对于有机废水的处理迫在眉睫，探究出一种新型、高效、简便的处理有机污染物的方法已经是科研工作者的首要任务。有研究人员通过实验发现，天然海泡石在110℃干燥之后，可以对水溶液中的除草剂（如：阿特拉津、异丙隆、吡虫啉等）进行有效的去除，对阿特拉津的有效去除率高达74.5%，但是海泡石对异丙隆和吡虫啉两种除草剂的去除率比阿特拉津的去除率要低[92]。研究还发现，海泡石对其他的除草剂比如敌草快、百草枯、甲基绿等也具有较好的吸附性能，并且海泡石还能够对它们的排放进行有效的控制。还有研究人员对天然海泡石原矿和经过有机改性后的海泡石进行比较分析，发现用乙二胺四乙酸（EDTA）和十六烷基铵（HDTMA）离子对海泡石进行改性后，海泡石的吸附能力大大增强，对苯酚、氯酚的吸附效率增大，这主要是由于海泡石的表面呈现负电性，在其表面增加有机的交换阳离子可以显著提高海泡石的亲水性能，从而增大海泡石对有机污染物的吸附能力[93]。在实验中发现，海泡石经过热改性后，其表面积快速增大，可以从 $29.183m^2/g$ 增加到 $86.661m^2/g$。与天然海泡石相比，经过改性后的海泡石吸附能力大大增强，可有效处理有机废水中的污染物，这就为改性海泡石在实际生产生活中的应用提供了基础，为以后海泡石在环境中的应用提供了支持。

（3）对有色废水的处理

有色废水的成分比较复杂、色度高、化学需氧量（COD）高，因此具有很强的毒性和致癌性，会严重危害人们的生产和生活。目前，吸附法因其具有投资运行费用低、设备简单、处理效果好等优点成为社会上有色废水的首选处理方法，在国内外受到广泛的应用[94]。有人通过研究改性海泡石对酸性品红溶液的吸附性能，发现海泡石经十六烷基三甲基溴化铵（CTAB）改性后，吸附能力大大增强，吸附效果提升到300%，由此可见由海泡石制成的吸附剂对有色废水的吸附性能极强[73]。有研究人员对经酸活化和热活化的海泡石做了对比实验，分别在不同的温度、不同的接触时间以及不同溶液 pH 下，研究其对水溶液中的雷马素染料的吸附效果。通过研究发现，经过酸活化后的海泡石的吸附能力优于热活化后的海泡石[95]。实验发现，当孔雀石染料初始浓度为 77mg/L，海泡石的用量为 26g/L，接触时间为 42min 时吸附效果最好，对孔雀石染料的最大去除率超过了 99％。这为海泡石的实际应用提供了支持，有利于海泡石产品的生产研发工作[96]。

（4）对无机非金属的处理

在工业生产中会用到大量的化石燃料，这些化石燃料的燃烧会产生大量的污染物质，如：氮氧化物（NO、NO_2）、硫化物（SO_2）、CO_2 等。其中，氮氧化物（NO、NO_2）达到一定的浓度时会刺激人的肺部，会对人肺部的正常运转造成影响，使人的身体呈现亚健康状态，同时，氮氧化物（NO、NO_2）也会形成光化学烟雾和酸雨，会对环境造成一定的污染。研究人员发现，海泡石对 NO_2 的吸附能力随 NO_2 粒径和 NO_2 气体浓度的增加而增加，而海泡石对 NO_2 的吸附能力随着床层的高度、吸附剂气体流率的增加反而呈现出降低的趋势。相比于珍珠岩等其他的黏土矿物质来说，海泡石的吸附能力则更好。有研究人员[97]通过实验验证了经过变压吸附过程后的海泡石能够吸附二氧化碳/甲烷混合物中的二氧化碳，从而可以从二者混合物中纯化甲烷。海泡石经过改性后，对各种有毒有害气体的吸附能力显著提高，同时对甲烷等重要化工原料的提纯能力也大大增强，这为海泡石在化学工业领域发挥重要的作用以及广阔的发展前景提供了支持。

3.1.2 环境除臭剂

恶臭是所有刺激人体嗅觉器官、引起不愉快以及损坏生活环境的气体物质。恶臭物质分布很广，影响范围大，现已成为世界上七大环境公害之一，且在七大环境公害中排名第二。恶臭对人的呼吸系统、循环系统、消化系统、内分泌系统及神经系统都有不同程度的损害，此外，作为一种感觉公害，它还通过影响人们的感官从而对人的心理造成负担，久而久之严重摧毁人们的身心健康。到目前为止，人们仅仅依靠嗅觉就能够感觉到的恶臭物质就有 4000 多种。其中，硫醇类、氨、硫化氢、二甲基硫、三甲胺、甲醛、苯乙烯、铬酸和酚类等对人体健康危害比较大。这些恶臭物质会分散在空气中，人们一旦吸入，不仅会产生感觉上的不适，还会对人的身体造成影响，吸入过量可能会危及人的生命。因此为了处理这些恶臭物质，国际组织对恶臭污染的处理都给予了高度的支持。与其他的大气污染物相比，恶臭污染物质具有以下几个特点[98]：①恶臭物质的嗅觉阈值通常都比较低，有的会达到 ppb（10^{-9}）级，有的可能达到 ppt（10^{-12}）级，在极低的浓度下都能被感觉到。②恶臭物质大多是多种气体混合在一起，这些混合气体逸散在空气当中，给人类健康埋下了隐患。一旦吸入过多，严重者甚至会造成死亡。③在恶臭物质污染物质中存在着明显的相乘和相消的复合作用。有些气体混合在一起臭味会消除，有些气体混合在一起臭味会增强。④一般情况下，恶臭污染物的浓度与人的嗅觉感觉量符合 Weber-Fecher 公式和 Stevens 公式。它们具有良好的对数关系。⑤有些恶臭物质在低浓度的时候闻起来有芳香气味，在高浓度的时候闻起来很臭，而有些恶臭物质在低浓度的时候闻起来很臭，在高浓度的时候闻起来却有芳香气味，例如吲哚。

截至目前，国内外已经研究出了多种除臭剂，这些除臭剂依据除臭机理可分为四种类型：生物消臭类、感觉消臭类、物理消臭类、化学消臭类。而用海泡石制成的吸附恶臭气体的吸附剂就同时包含了物理消臭和化学消臭两种类型。

海泡石是一种具有很强吸附能力的天然黏土矿物质。它的结构比较特殊，在海泡石矿物质表面，可以分出三种不同类型的吸附活性中心[99]：①硅氧四面体层中的氧原子可以与吸附物之间发生微弱的静电力作用而产生吸附作用；②与边缘镁离子配位的水分子可以和吸附物之间形成氢键，从而产生吸附作用；③在四面体的外表面，由于 Si—O—Si 键被破坏，可以通过与一个质子或一个羟基连接形成 Si—OH 基团，这些 Si—OH 基团可以与被吸附物之间发生络合反应从而产生吸附作用，并且还具备与某些有机试剂形成共价键的能力。以上三种不同类型的活性中心为海泡石的吸附能力提供了支持，大大增强了海泡石的吸附能力。此外，比表面积也是影响海泡石吸附剂吸附能力的一个重要因素；在天然矿物质中，海泡石就是其中比表面积最大的一种。因此海泡石的吸附能力比其他任何一种黏土矿物都要大。对海泡石进行改性后还能够继续增大它的表面积，使其吸附能力变得更强。

在海泡石的外表面存在着 Si—O—Si 断裂键以及由四面体中 Al^{3+}、Fe^{3+} 取代 Si^{4+} 形成的负电位，这就造成了海泡石的表面是一个极性的表面，从而可以吸附极性物质，因此，在众多的气体中，气体分子的极性越强，它与海泡石的表面产生的静电引力也就越大，气体也越容易被吸附[100]。然而在实际情况中，有毒、有害、有刺激性气味的气体大多都是强极性的，因此用海泡石制成的除臭剂对恶臭气体的吸附非常有利。用海泡石生产的环境除臭剂，能够对空气中的异味气体进行去除，以此来保证空气的清新。

有研究发现[88]，由海泡石制成的吸附剂对恶臭分子的吸附能力极强。尤其对 1,4-二胺丁烷、1,5-二胺戊烷以及吲哚和丁烷等气体具有很好的吸附效果。其中，海泡石对 1,4-二胺丁烷和 1,5-二胺戊烷的吸附速率特别快。这是由于它们的分子以及那些结构组成中含有胺群和氮气的分子都能够与 Brønsted 和 Lewis 海泡石酸中心发生反应，从而比较容易被吸附。与胺类相比，丁烷被海泡石吸附的量要小得多，大概是因为它被吸附形成了与 RHC ═O 群连接的氢键，影响了其与海泡石之间的作用力，所以不容易被吸附。通过比较海泡石、坡缕石和人造雪硅钙石三者对气体吸附的实验结果，发现在任何情况下，海泡石比其他两个的吸附效果都要好。

目前经过研究已经证实了按照 40g 海泡石/m³ 的比例投放海泡石除臭剂的话，这些除臭剂能够将环境中氨的浓度从最初始的 100μL/L 降到 18μL/L。因此通过这一研究发现了将海泡石应用于动物集中的饲养场将是一个不错的选择，因为在动物集中的饲养场里面，氨的浓度非常高，人一旦进入饲养场就会闻到非常刺鼻的气味，影响感官，长期待在里面甚至还会诱发一系列慢性疾病，因此我们可以采用海泡石作为环境除臭剂来控制饲养场中氨的污染程度，防止其对人们的身体健康造成危害。

与海泡石原矿相比，改性后的海泡石比表面积大大增加，对有害或恶臭气体如氨气、甲醛、硫化物、腐胺和尸胺等具有很强的吸附作用，特别是对含氮化合物的吸附能力极强。工业上广泛采用海泡石来制备干燥剂和除臭剂等。研究发现[101]，经过 0.5mol/L 的盐酸改性处理后的海泡石对 NH_3、H_2S、Cl_2、HCl 以及 SO_2 具有很强的吸附作用，其吸附能力大小为 HCl ＞Cl_2＞SO_2，NH_3＞H_2S；经过 110~500℃ 的烘烤改性处理后的海泡石能够吸附 N_2、NH_3、CO_2 和 H_2O；经过处理后的海泡石可以吸附室内臭气，同样也可以将其制作成防毒面具供特殊工人操作使用。当然我们也可以将海泡石置于纸张中，将其制成鞋垫和墙壁装饰纸等，用来吸潮除味。改性后的海泡石吸附指标高，能够接近或超过活性炭的吸氨量。海泡石除臭剂的制备工艺比较简单，制作成本低，原料来源方便，总体投资较少；海泡石除臭剂的再生能力强，使用简便，产品无味、无毒、无污染等问题，还可将其作为肥料和土壤的改良剂。

海泡石由于具有较大的比表面积、较强的吸附能力，对恶臭气体分子的吸附很快。目前，由海泡石、磷酸二氢锌（磷酸二氢钾）、沸石等制成的海泡石除臭剂[99]可以快速将除臭空间里的氨、有机胺类以及 SO_2 等恶臭气体分子吸附。海泡石对恶臭气体分子的整个吸附过程是一个物理化学吸附的双重过程，与活性炭和其他单纯的有机化合物制成的除臭剂相比，海泡石除臭剂的吸附效果要好得多。

改性后的海泡石可以被用来制造成吸附毒气容器里的高级黏合剂配料，也可以被用来制成放射性废物和毒气的吸收剂，还可以用它取代蓝石棉制作防原子辐射口罩。有研究人员做过海泡石吸收废气的实验，研究发现海泡石可以吸收

90%的铅、溴和硫化物，35%的烃[102]。因此，依据海泡石的优良性质可以将其广泛地应用于除臭剂的研制，以此来净化空气。目前，我国用海泡石生产的"王"牌除臭剂比日本以活性炭为主要原料生产的"白云"牌除臭剂吸附率还高[103]。

3.1.3 制药

在制药工业中，海泡石因其结构、性质比较特殊，通常用作药物的赋形剂、离子交换剂、净化剂、发亮剂。用海泡石制成的药物安全、无毒、无副作用，所以海泡石被大量应用于肠衣丸中。与其他材料相比，海泡石对生物碱、白喉毒素、大肠杆菌等的吸收作用好。海泡石在医药领域中的另外一个用处是作为缓释剂，因为海泡石具有极强的吸附性，可以吸附药物，不仅可以降低药性剧烈药品的副作用，而且还可以将体内有效的药品浓度维持在一定的范围内，给患者创造一种舒适的体验，避免药品重复输入。

海泡石的活性表面比较大，因此它能够保持产物的活性，又由于海泡石表面的阳离子交换性能与三价铁的含量都比较低，所以可以将海泡石制成药物赋形剂，保持药品不被氧化。同样，海泡石良好的吸附性能使其在治疗腹泻中可以用作肠胃吸附剂，吸附肠胃中的细菌、毒素和液体；此外，海泡石还具有成胶性，所以可以将其制成药物，以保护胃肠道黏膜。通过实验发现海泡石还能够控制pH值，所以也可将其制成抗酸药物用于治疗胃酸症[88]。将海泡石放在pH$<$7的介质中时，它还能够净化糊精（右旋糖浆）[102]。

在医学研究中，很难通过常规实验方法从溶液中去除某些杂质。如果采用经过活化改性处理后的海泡石进行吸附，就完全可以达到实验的要求。例如植物油如果保存不当的话就会产生强致癌性的物质黄曲霉素，通过研究发现：如若将250μL/L黄曲霉素加入植物油中，然后向其中再加入1.6%的经过活化处理后的海泡石进行静态吸附，在24h之后重新进行黄曲霉素含量的测定就会发现其含量能够低于5μL/L[104]。

近年来，盐酸二甲双胍（metformin hydrochloride）在临床上取得了广泛的应用。盐酸二甲双胍是医院中常用的一种口服双胍类降糖药物，通常可分为普通片、肠溶片及缓释胶囊三种剂型。其中，普通片剂存在一个很大的缺点：患者需要每日口服用药三次，并且用药之后还会产生一些不良反应。然而将盐酸二甲双胍制成缓释制剂，不仅能够使其平稳地产生作用，并且有利于它的吸收；将盐酸二甲双胍制成缓释剂后患者每日只需使用一次，降低了药物的使用频率，同时节约了用药的成本。海泡石能够与盐酸二甲双胍制成缓释剂的原因是：海泡石的比表面积大、阳离子交换能力强、吸附性能好、安全、无毒、无副作用。将改性后的海泡石作为载体，制备盐酸二甲双胍-海泡石复合物，通过实验发现海泡石对盐酸二甲双胍具有很好的吸附性能，并且实验发现海泡石吸附盐酸二甲双胍前后的基本结构并没有发生改变，吸附后的海泡石它的晶面间距略有增加，经过检验发现24h内的盐酸二甲双胍累积释放率大约是94%，远优于以往的使用效果[105]。

3.1.4 脱色剂

黏土型矿物主要用于石蜡、油脂、矿物油和植物油的脱色中。脱色的主要作用是：通过在过滤或者渗滤的过程中对有色的质点进行保留，吸附其中的有色物质，使得有色的化合物向无色或易被吸附的化合物进行催化转化。

海泡石能够对石蜡、油脂、矿物油、植物油进行脱色的原因是海泡石在经过人工活化处理以后可以吸附这些物质中的有机色素。海泡石作为脱色剂使用的时候，通常需要对海泡石原矿进行提纯以及酸改性处理，将八面体中的金属离子如Al^{3+}、Mg^{2+}、Fe^{3+}等溶出，以增大海泡石的晶层间距，同时还能够疏通孔道，增强海泡石吸附有机色素的能力。研究表明，海泡石的含量每增加5%，其脱色能力就可以增大10%，二者之间具有良好的线性关系。海泡石脱色剂具有以下优点：毒性低、无刺激性、无味等。用海泡石制成的脱色剂的脱色效果要比大多数材料好。同时，与其他材料相比，用海泡石制备脱色剂活化时间短、活化酸度低，同时海泡石残渣还具有脱色的能力。通过用海泡石脱色剂对不同的油品进行脱色实验发现，该脱色剂对矿物油和植物油的脱色能力较好，所以被广泛地应用于矿物油和植物油的脱色工艺中。

海泡石在对油品进行脱色的过程中主要起到除臭剂、脱水剂、中和剂和脱色剂的作用。对油品进行脱色时，需要将油品从一定粒度的海泡石细粒中慢慢过滤和渗透，使其充分与海泡石进行接触。被用作脱色剂的海泡石不仅要具有良好的脱色性能，同时还需要满足低存油性和良好的过滤特性等优点。通常情况下只需要向普通的漂白土里面混入少部分的海泡石就能提升它的过滤性能，通过实验还发现海泡石对棉籽油也有强大的漂白作用。

海泡石对矿物油的脱色能力比对植物油的脱色能力要强。这是因为植物油中的有色化合物（如叶绿素、叶红素、叶黄素等）都是体积比较大的分子，难以进入海泡石的孔道中；而矿物油中的有色化合物通常都是一些小分子，渗入海泡石的孔隙里就比较容易。

海泡石的脱色性能比较好，尽管海泡石的含量仅有1%～2%，脱色效果依旧很好。但是实验中的操作条件是根据油的种类来设定的，在实验操作中一般把工作温度设置成90～110℃，主要是温度较高会降低油的黏度，海泡石与被脱色物质的整个接触过程的时间一般设置在35～40min之间。

（1）不同脱色剂对植物油的脱色效果对比实验

为比较不同脱色剂对蓖麻油的脱色效果，实验采取了活性白土、活性炭、海泡石、酸活化海泡石这四种物质对蓖麻油进行吸附对比实验：将等量的蓖麻油分别加入四个相同的250mL的三口圆底烧瓶中，然后分别加入1.5%活性白土、活性炭、海泡石、酸活化海泡石。使用搅拌器进行搅拌，将转速调至400r/min，调节真空至−0.096MPa，升温到100℃进行吸附实验30min。吸附实验完成后将其冷却到70～80℃。最后对冷却后的物质进行压滤出油。实验结果如图3-1所示。

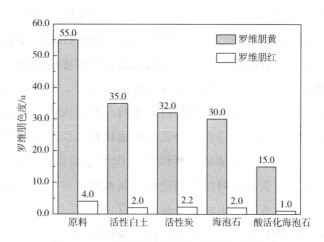

图3-1　四种不同脱色剂脱色效果对比图[106]

从图3-1中可以清晰地看出，往蓖麻油中加入活性白土、活性炭、海泡石进行吸附后，蓖麻油都被不同程度脱色，但是这三者对蓖麻油的脱色效果差不多，罗维朋黄从55u降到了30～35u，罗维朋红从4.0u降到了2.0～2.2u。与经过酸活化改性处理后的海泡石相比较，罗维朋黄从55u降到了15u，罗维朋红从4.0u降到了1.0u，酸活化处理后的海泡石的脱色效果要比其他三种脱色剂的脱色效果好很多，因此实验中采用经酸活化处理后的海泡石作为蓖麻油脱色剂[106]。

（2）海泡石脱色剂对有色废水的处理

海泡石经过热改性和酸改性处理后，脱色力可以提高到20%～30%，因此也可将其应用在有色废水处理的项目中。实验研究发现[107]，将海泡石用阳离子表面活性剂改性处理后，能吸附印染废水中的甲基绿、农药废水中的杀草快和百草枯，吸附效率达到可交换阳离子的 $100\% \sim 120\%$；实验发现[108]，将海泡石用 $4\% \sim 8\%$ 的盐酸处理之后再经过 $120℃$ 高温焙烧活化可以得到改性海泡石，将 5g 改性后的海泡石加入质量浓度为 80mg/L 的活性艳红溶液中，发现改性后的海泡石对活性艳红的去除率高达 85%，将 2g 改性后的海泡石放入质量浓度为 20mg/L 的活性翠蓝溶液中，发现改性后的海泡石对活性翠蓝的去除率高达 96.2%。

海泡石因其具有较强的吸附脱色能力从而被广泛应用，且海泡石的脱色效果好、吸附能力强、实验用量少、价格低廉，是目前工业上较好的脱色剂。

3.1.5　过滤辅料

在流体传动中应用的过滤方法和过滤材料虽然多种多样，但目前工业上使用的主要还是机械式过滤（用缝隙和孔网强制截留杂质和悬浮物）和吸附式过滤（静电、超声、磁性棒等主动吸附）这两种方法。海泡石的内部结构是由密集的纤维组成的，但在海泡石的纤维与纤维之间仍然存在较多的孔隙，而且它的集合体排列整体来说似片状且光泽较暗淡并带有贝壳状断口，由此可知海泡石是由纤维束组成的呈疏松多孔状物质，这就使得海泡石具有很大的表面积和孔隙率。海泡石因其具有较大的负压，并且它的内表面积也比较大。把它制成滤芯后它的水力半径大、流通能力强、不易堵塞，所以将其作为过滤器的滤芯材料较为合适。把它用在流体过滤上不仅能够对污染物进行强制截留，还能够通过负压对悬浮物进行吸附。因此海泡石在工业上也是一种非常有价值的过滤材料。

海泡石颗粒的这种特有的针状形态，使其能够形成一种张开的不规则的网状结构，因此利用海泡石的这种特有结构性质将其制成多孔隙滤芯，就能够大大提升过滤效率。由于海泡石独特的过滤性能，可以将其作为过滤辅料用来过滤油类、葡萄酒等。

海泡石的过滤机理有以下几种：

① 拦截机理　当所有介质的孔径 d_K 都小于等于沉淀中的颗粒直径 d_W 时，即 $d_W \geqslant d_K$，在介质的进口处截留捕捉颗粒，此时产生的拦截作用是由几何作用发生的。

② 惯性机理　$d_W < d_K$，杂物颗粒直径小于介质孔径，此时颗粒随液流一同穿过，因为孔径网络复杂，液流穿过时，其流线要屡经激烈的拐弯。当颗粒质量较大或速度（可以看成是液流的速度）较高，流线拐弯时，颗粒由于惯性，脱离了流线，而靠向介质沉积了下来。

③ 重力机理　当颗粒直径 d_w 小于或等于介质孔径 d_K，即 $d_w \leqslant d_K$ 时，当颗粒通过介质时，在重力作用下，颗粒脱离了流线，而位移到介质上。

④ 静电吸附机理　当 $d_K > d_w$ 时，杂质颗粒全部小于介质孔径，一部分可能顺流直下，但大部分被静电吸附在介质上，由于各种原因，颗粒与介质都可能带上电荷，产生吸附颗粒的静电效应，产生电荷的原因有三：第一，介质本身可能就带有电荷；第二，在介质处理过程中，因摩擦而带上了电荷；第三，颗粒与介质相互感应产生电荷。后两者产生的电荷，不能长期存在，电场强度较小，产生的吸附力也较小；前者能产生一定强度的电场。海泡石本带有正电荷，颗粒带有负电荷，二者产生一定的吸附力，颗粒在介质内部沉积下来。

对于黏性较高的物质而言，液流穿过介质的流速较慢，其惯性和重力所产生的效应相对较小，可以忽略。而对于深度型过滤介质海泡石而言，拦截和吸附两大过滤机理则占主导。

王继忠等[109]利用海泡石与木棉纤维制成的过滤薄膜在较高温度下过滤炸过食品的油（简称炸油），过滤后的油品色泽通透、味道纯正，除去了炸油中危害人体的沉渣以及病原菌，恢复了原油的营养价值。

海泡石因其较强的吸附能力也被用于葡萄酒的澄清与过滤中。

① 用于澄清　在葡萄酒中加入适量的经过活化处理的海泡石，充分搅拌自然沉降，因海泡石的强力吸附作用，对悬浮颗粒进行网聚和下拉，加之海泡石的颗粒相对较大，很快把微粒凝聚成块加速了下降速度。在每 100L 的葡萄酒中，加入 100～200g 的活化海泡石，在标准的实验桶中，得到透明的葡萄酒的时间会显著提前。

② 用于助滤剂　在板框式压滤机中，由于采用的过滤介质为织物，过滤中要添加助滤剂，过去最常用的助滤剂是硅藻土。但从材料的空隙率、比表面积和吸附力来看，海泡石应该更好一些，海泡石主要成分是 SiO_2（占 55.56%），其次是 MgO（占 24.89%），其粒度一般为 20～50μm，最小粒度可达到 0.5μm，其长度一般为 400～800μm，它呈纤维状。海泡石纤维化学稳定性好，适于不同温度、浓度和不同黏度的浆液。作为助滤剂使用时经活化后其空隙率可达到 50%～60%，为截留颗粒提供了较大的流动空间，加之骨架坚硬，形成滤饼具有不可压缩的特点，在压力变化的情况下，仍能基本保持多孔状态，因此比表面积大，所以流动阻力小，能获得较高的过滤速度及理想的澄清度。海泡石助滤剂的预涂层的敷设方法可以和硅藻土的预涂方法一致，只是在敷设的用量上要小一些、薄一些，一般预涂层厚度 1mm 左右即可，而用量为 0.3～0.4kg/m^2。

③ 用于过滤　当用于葡萄酒最后一道工序进行过滤时，需要把海泡石纤维制造成滤芯，制造滤芯的工艺方法很多，无论用哪种方法都要制造骨架与滤膜。骨

架一般采用塑料、钢丝网或者粉末冶金材料。滤膜的制造非常关键，首先要把海泡石进行活化。把超细粉碎的海泡石加入5%的焦磷酸钠，经纯净水稀释搅拌，沉淀4h后去掉细沙杂质，进行低温处理。经低温处理后的海泡石纤维，开口度增大，空隙率提高。对活化前的海泡石和活化后的海泡石可以观察到，其空隙率提高了20%左右，且吸附力增强，流通能力增大了。一般膜厚在2mm左右，其绝对过滤精度能达到5~0.1μm，截留微粒的直径$d=5~0.05μm$，其过滤性能较好。

3.1.6 抗结剂

海泡石的颗粒呈现出不等轴针状，易聚集成稻草束状，把它加入水或其他极性溶液中时，里面的纤维束就会迅速分散形成相互制约的网络，然后体积也会增大，形成一种高黏度稳定悬浮液。

海泡石的一个很大的特点就是它具有巨大的比表面积，可以发生吸附作用和半吸附作用，使它能够保持以高比例与各种溶液充分混合在一起，这种性质使得它可以用作抗结剂和流动剂来控制混合物的湿度，或者将其作为流体化产品的表面涂层，防止产品结块或成团。

海泡石作为抗结剂主要是用在动物饲料上，在动物饲料生产的过程中，为了防止饲料颗粒结块成团，人们往往可以向其中添加海泡石。在配制一定比例的液体时，为防止液体里的某种组分挥发，比例发生变化后就凝聚在一起成团，在此之前向其中添加海泡石就可以保持各溶液高比例配合，使得溶液不易成团。

在欧洲，每年大约有12万吨的海泡石用在生产动物饲料的工艺中。其中，海泡石主要用作预混合载体、抗结块剂、颗粒饲料黏合剂，还有少量被用来当作动物的生长促进剂。用作动物饲料的海泡石的特征见表3-3。

表 3-3　用作动物饲料的海泡石的特征[110]

物理性质	黏合剂	抗结块剂和载体
粒度/mm	<0.15（100目）	0.3~0.125（50~120目）
填充密度/(g/L)	545±40	615±30
湿度/%	8±2	8±2
西屋吸油量/%		92±7
亚麻吸油量/%	93±5	
滞水率/%	150	147
莫氏硬度	2.0~2.5	2.0~2.5
阳离子交换量/(N/kg)	0.15±0.05	0.15±0.05

海泡石具有阳离子交换能力较强以及化学稳定性好等特点。将海泡石作为预混合载体时，海泡石不会与被载的活性物质发生反应，所以它是一种较佳的预混合载体。

大多数饲料都是颗粒状的，加工时一般向混合饲料中添加 2%～4% 的海泡石来增大每种组分之间的黏合力，通过增大其中的黏合力使饲料聚集成团，同时也要注意添加剂量以防饲料之间大面积成块。与其他黏土矿物一样，海泡石同样也是一种液膜黏合剂，其中水是比较常用的溶剂。将海泡石作黏合剂使用的时候，生产的饲料颗粒中的水分大约为 0.5%～2%[110]。

对海泡石进行加压时，它的吸附性能和胶凝作用增强。同时还能够增强颗粒的硬度及耐久性。

3.1.7　香烟滤嘴

众所周知，香烟燃烧时会产生对人体和环境有害的物质。这些有害物质可以分为气相物和粒相物两种类型，其中包括人们所熟知的焦油和尼古丁。焦油是烟草中的纤维素等有机成分燃烧不完全以及干馏作用形成的，它是由多环、稠环化合物组成的混合物，对人体的危害极为严重；而尼古丁是生物碱的主要成分，它是吸烟者对香烟的主要需求，因而需要适当保留。但是截至目前，这种能选择性截留有害物质、保存适量（不危害人体健康）的尼古丁的方法还没找到。

实验发现滤嘴可以有效地拦截香烟主流烟气中的总粒相物，从而降低卷烟中的焦油量，保持香烟味道不变。想要较好地实现香烟味道不变而有害物质被截留这一目标就需要选择合适的滤嘴材料。目前，在工业中广泛使用的香烟滤嘴过滤材料主要是醋酸纤维、活性炭等。其中在工业上使用最广泛的就是由醋酸纤维制成的滤嘴，这种材料较易制成香烟滤嘴，同时具有清洁、无毒、无色、无味的特点，在有效地阻挡焦油的同时还能够阻挡其他有害物质。但是由醋酸纤维制成的香烟滤嘴也有几个缺点：它对于香烟烟气中的乙醛、丙烯醛、苯和甲苯等有毒有害气体不能够有效地拦截。醋酸纤维的价格也比较高，大约为 5 万～6 万元/t。另一种比较常用的滤嘴材料主要是活性炭，由于活性炭吸附能力强，可以无条件地对香烟中的气体进行吸附，这就使得产生主要香味的气体也同时被吸附，因此卷烟就会变得毫无味道，不能满足吸烟者的需求。因此，必须尽快找到一种吸附效果好、价格低廉的物质来替代醋酸纤维和活性炭。海泡石被证实满足这种要求，海泡石吸附香烟雾气体成分研究表明，由海泡石制成的香烟滤嘴对烟气物质具有明显的选择性，这种滤嘴能够选择性截留有害物质（如氨腈、丙烯醛、丙酮等）同时能够保存适量（不危害人体健康）的尼古丁，很好地满足了吸烟者的需求。并且海泡石矿产丰富，价格低廉，可以有效降低制作成本，提高经济效益。

海泡石因其巨大的比表面积以及良好的选择吸附性等特点而倍受欢迎。目前由海泡石制成的香烟滤嘴已经通过了湖北省建材总公司的鉴定，质量也已达到国内同类产品的先进水平。

3.1.8 洗涤剂

具有强离子交换能力的黏土矿物质，利用本身的阳离子与水中的 Ca 离子和 Mg 离子进行交换，正被当作硬水的软化剂使用。而具有弱离子交换能力的黏土矿物质，则被当作自由流动剂使用，而经过非离子表面活化剂改造后的黏土矿物质，则被当作软化剂使用。海泡石作为黏土矿物质能改变有机组分，将其当作洗涤剂使用时，能够提高洗涤剂的质量、去掉污迹，而且在按 0～4 的比例时，还能将白度提高 1～2 个单位。海泡石具有较强的吸附能力，使得它能够对悬浮于水面的污垢进行吸附，从而达到洗涤的目的，同时水体里的细菌以及衣物里的霉菌都能够被吸附，这就为衣物长期保存不长霉提供了帮助。

已有资料表明，早在 1942 年就已经证实了，在洗涤实验中用海泡石取代 30%的富脂酸后，肥皂的洗涤效果得到了极大的改善。实验还发现，海泡石比蒙脱石或高岭土具有更大的洗涤作用。与蒙脱土和高岭土相比，海泡石的洗涤效率最高，它不仅可以提高洗涤剂清洗的质量和去污垢的能力，而且可以提高最终的白度，同时由于海泡石强大的吸附作用，可以吸附衣物上或水体中的细菌，降低细菌含量[88]。海泡石用于净化剂的性能见表 3-4。

表 3-4　海泡石用于净化剂的性能[88]

项目	实验的污染水/mL	在 15℃用 2%海泡石处理 2h 的水/mL	降低百分比/%
喜中温的嗜氧细菌总量	656000	193000	70.58
孢子喜中温的嗜氧细菌	280	40	85.71
真菌	134	67	49.81
肠道细菌	1100000	93000	91.54
假单胞菌	4600000	930000	79.78
链球菌	4300	1500	65.12

项目	实验的污染水/mL	在15℃用2％海泡石处理2h的水/mL	降低百分比/％
亚硫酸盐还原的 *Clostridium* 孢子	9500	2500	73.63
大肠杆菌	268000	11000	95.9
球菌	495000	105000	78.78
仙影拳菌	600000	—	100

　　海泡石还可以被制成固体（颗粒）去污剂，其方法是：将海泡石矿物质粉碎成30～60目的粉末，然后将海泡石粉末撒在被油渍污染的地方，最后只需要用刷子反复擦刷被污染的地方，就能够彻底将油污清除掉。在以前，人们发现海泡石能够吸附油污，就用原始的方法将海泡石矿物质碾碎，之后将其保存起来，用来清洁衣物。此外，还有一种制作方法是将木屑作为海泡石的载体，同时将脱色煤油作为溶剂，之后再向其中加入少量的表面活性剂，洗涤剂就完成了，这种洗涤剂对于清洁地毯和家具有很好的效果。

3.2　海泡石增稠、流变及悬浮性能应用

3.2.1　聚酯

　　海泡石具有增稠和触变的作用，可用于天然或合成的树脂、松香等液态脂的聚合，也可用于颜料以防止沉淀，还可用于重新聚合使用过的树脂。在这些有机溶剂中使用海泡石时，为了使其表面的活动性能起到聚合催化的积极作用，可以根据不同需求调整海泡石的加入量。在液态聚酯树脂的生产过程中也常使用海泡石，它主要是用作增稠剂和触变剂。但由于海泡石表面具有亲水性，为了使其达到与聚酯相适应的目的，以防止聚酯在应用后期不均匀、颜料沉淀，常使用表面活性剂加以改善[65]。根据文献报道，在液态聚酯树脂中使用海泡石，不仅可以发挥增稠和触变作用，还能防止色素沉淀、聚酯树脂产品使用后期的挠曲变形；若将海泡石应用于有机介质，必须用不干扰树脂和催化剂的表面活性剂聚合的活化剂来修饰海泡石，其目的在于改善海泡石的亲水性表面与聚酯间的适

应性。还有研究表明，表面活性剂对海泡石的亲水性表面改善效果良好，使得改性后的海泡石与聚酯具有一定的相容性，可防止使用后聚酯树脂的颜料沉淀和均匀性差等现象[111]。用溶于 Estratil Al-100 的四胺盐改造的海泡石的黏度及其触变率见表 3-5[112]。

表 3-5　改造的海泡石的黏度及触变率

改造的海泡石/%	流场/(r/min)	流场黏度/mPa·s	触变率
0.5	2.5 (20)	1600 (1300)	1.23
1	2.5 (20)	2400 (1525)	1.57
2	2.5 (20)	9400 (3275)	2.87
3	2.5 (20)	16000 (5450)	2.94

注：触变率＝（2.5r/min 时流场黏度）/（20r/min 时流场黏度）。表中流场黏度分别对应于 2.5r/min 和 20r/min。

不饱和聚酯（UP）是塑料工业中重要的热固性树脂，由于其优异的力学性能、工艺性能和耐化学性能，并且由于其原料易于获得、价格低廉而被广泛应用于化工、建筑、运输和其他各领域。然而，不饱和聚酯通常具有韧性不足、耐热性不足和强度低的缺点，这限制了它们的使用。因此，为了满足各种特殊领域的要求，我们有必要进一步提高不饱和聚酯的电气性能、力学性能、阻燃性能和工艺性能等。陆盘芳[113]使用独特的解束方法使海泡石原矿分散，并使用有机季铵盐作为改性材料对海泡石进行改性获得有机海泡石纤维，最后将有机海泡石纤维通过一定的方法均匀分散在不饱和聚酯中，该制备纳米复合材料的过程，通常需要将试剂和不饱和聚酯交联，所用试剂为引发剂、促进剂、交联剂等。通过 SEM 和 FT-IR 进行复合体系的分散效果分析，并通过差热分析研究了体系的热稳定性能。结果表明，海泡石纤维以纳米级的形式存在于不饱和聚酯中，且均匀地分散在其中，并且纳米复合材料的热分解温度也有所升高。与不饱和聚酯相比，复合材料的开始热分解的温度提高了约 14%，分析导致该现象的原因可知，聚合物受热分解产生小分子，小分子与聚合物相互作用又加速聚合物分子链的热分解[114]。海泡石纤维与聚合物基体之间相互作用的作用力由于纳米纤维的表面效应而增强，聚合物分子链的运动在一定程度上受阻，聚合物的热分解减缓，热稳定性得到改善。基于以上的分析，海泡石纳米纤维是否均匀地分散在不饱和聚酯中，可由复合材料的改善的热稳定性间接表明。

刘开平等[115]通过表面活性剂来修饰海泡石，考察不同改性剂类型和不同量的海泡石对不饱和聚酯复合材料热性能的影响。结果表明，添加海泡石可以提高不饱和聚酯复合材料的热性能，并且使得阳离子表面活性剂改性海泡石的填充效果都非常好，最佳剂量约为 8%~11%。原因不仅是海泡石本身具有很高的耐热性和一定的刚度，对复杂分子的热运动造成了特定的障碍；而且海泡石结构还具有三种形式的水——沸石水、结晶水和结构水，由于加热时三种水会吸收大量的热量并依次排出，因此可以降低复合材料的实际温度，并且可以提高复合材料的耐热性。未改性的海泡石和经阴离子表面活性剂改性的海泡石在复合材料的热稳定性能方面几乎没有差异，但经阳离子表面活性剂改性的海泡石样品具有较高的热分解温度。产生这个差异的原因在于海泡石作为黏土矿物，其表面带负电，与电性相反的阳离子表面活性剂具有很强的结合作用。当用于修饰海泡石时，海泡石的表面与阳离子表面活性剂的亲水基团结合，而在外部留下亲脂基团，使其成为与树脂具有良好相容性的疏水性有机材料。因此，它可以很好地分散并与不饱和树脂结合，从而改善复合材料的热性能。

刘开平等[116]讨论了制备海泡石黏土/不饱和聚酯复合材料的工艺过程。经过对比实验，钛酸酯偶联剂可以促进树脂的固化，保持产品良好的性能。另外，偶联剂的加入也使得体系黏度高而不易混合；体系中加入阳离子表面活性剂，黏度降低效果出色；丙烯酸虽然也可以用于降低体系的黏度，但它会影响树脂的固化；复合材料经硅烷偶联剂处理后，可以提高体系的绝缘性能、硬度和冲击强度。短切玻璃纤维的添加可以显著提高产品的强度，但是会降低产品的加工性能和影响产品的外观。混合物的长时间研磨不会帮助成型过程。海泡石黏土/不饱和聚酯复合材料的压缩成型工艺条件应满足：165~180℃、14.2~16.2MPa 下保持压力 10~15min。海泡石黏土用于不饱和聚酯，具有良好的复合材料成型性和加工性，使得该海泡石复合材料具有更高的抗冲击强度，尽管它密度较大，其强度比硅藻土和膨胀珍珠岩复合材料更高。在聚合物基复合材料中应用海泡石，有助于改善材料的阻燃性和耐热性，是由于海泡石的结构中存在三种类型的水，在加热过程中会排出不同类型的水，这会吸收大量的热量并有助于降低聚合物系统的燃烧温度，同时由于海泡石本身具有良好的耐热性，其熔点可达 1500~1700℃。因此，海泡石应用于聚合物基复合材料，将有利于提高材料的阻燃性和耐热性。

胡小平等[117]通过结合改性海泡石和可膨胀阻燃剂研究了低烟无卤阻燃不饱和聚酯（UPR）的阻燃性能。经过酸热处理和离子交换改性后，获得的有机改性海泡石纤维具有良好的剥离性能，再通过各种测试方法，对所得改性海泡石进行有关形态、剥离效果以及在 UPR 中的分散情况等方面的表征，将合成的改性海泡石和阻燃剂（可膨胀）进行复配，如多磷酸铵（APP）、季戊四醇（PER）等，并将其添加到 UPR 中，根据极限氧指数（LOI）和烟气密度（SDR）测试结果，上述制备海泡石/不饱和聚酯复合材料的方法具有优异的阻燃性能和抑烟性能。海泡石之所以具有以上优异的性能，一方面是因为它本身具有的独特的纳米纤维结构，这种纳米纤维形态、管道结构及较高的表面物理化学性质，决定了当采用一定的分散工艺使海泡石均匀分散于聚合物基体中时，有助于提高基体材料的力学性能，可以起到增强作用；另一方面，海泡石中所含的丰富的镁、硅等元素都是极好的非卤素阻燃剂元素，这使海泡石在聚合物阻燃性研究中发展为一种潜在的环境友好型阻燃剂或阻燃协效剂。

陆盘芳[113]在论文中选择有机海泡石纳米纤维和不饱和聚酯为研究对象进行研究，并获得了不饱和聚酯海泡石纳米复合材料，以测试和分析其力学性能和热学性能。研究结果表明，海泡石纳米纤维的加入使得复合材料的冲击性能有了显著的提高。一方面，海泡石纤维以纳米级状态均匀地分散在不饱和聚酯中，海泡石孔道经改性后对有机分子有较强的吸附能力，这可能是因为改性剂进入片层间与苯乙烯相容性更好了，即不饱和聚酯与海泡石纤维具有较好的相容性。另一方面，海泡石纳米纤维的比表面积非常大，两个海泡石纳米纤维之间的牢固界面，增大了表面能和活性，并在不饱和聚酯基体中起到了类似交联点的效果，从而提高了不饱和聚酯的强度。此外，由于海泡石纤维已经达到纳米纤维尺寸，因此比表面积较大，纤维与基体之间接触面积较大。当材料受到外界冲击发生形变时，会产生更多的微裂纹和塑性变形，以吸收更多的冲击能量，从而起到增强加固效果。复合材料的肖氏硬度随海泡石纳米纤维加入量的增加而增加，且当达到一定量后，肖氏硬度随海泡石纤维的添加而迅速下降。海泡石纤维的加入能够改善复合材料热性能，从而提高用于复合材料热分解的起始温度，其一方面是因为海泡石自身较好的耐热性和一定的刚性，对分子热运动有一定的阻碍作用；另一方面，热运动的干扰效应归因于纳米纤维的纳米效应，使得复合材料的比表面积增大，界面强度提高，复合材料热性能提高。

3.2.2 沥青涂层

用于车顶或车身底部的沥青涂料基本包含两个成分：沥青切屑（可包含 50%～70% 的固体物质，由最重的原油馏分组成）和石棉。沥青由于在密封空隙和裂缝方面的成本低而经常使用。为了获得足够的稠度，拌入了石棉，它可以增强涂层的强度和绝热效能。但是，由于使用石棉可能有害于人体健康，所以海泡石成为石棉的合适替代品。

郭振华等[118]利用海泡石纤维和粉煤灰纤维的微观结构特征，想要制备一种粉煤灰/海泡石复合纤维增强沥青复合材料。根据道路使用性能实验的结果，研究了海泡石纤维、粉煤灰纤维或两者结合形成的复合纤维对沥青混合料性能的影响（表3-6）。研究结果表明，适量添加其中一种或两种纤维得到的复合沥青混合材料都表现出优异的性能；海泡石纤维对于沥青吸持能力比想象中强，它的加入可有效地调节沥青和胶浆的含量；粉煤灰纤维在沥青混合料中主要是起增强和改善混合料的作用；同时添加两种纤维会提高沥青混合料的热变形性、水稳定性、抗冷裂性和抗疲劳性等性能。

表 3-6　纤维沥青混合料马歇尔试验结果

级配类型	添加剂	油石比/%	稳定度/kN	流值（0.1mm）	孔隙率/%	饱和度/%
AC-16Ⅰ	无	4.5	9.89	30.93	3.18	77.16
AC-16Ⅰ	0.30%海泡石纤维	5.26	10.72	37.53	3.65	76.76
AC-16Ⅰ	0.35%粉煤灰纤维	4.88	12.16	37.40	3.32	76.78
AC-16Ⅰ	0.3%海泡石＋0.35%粉煤灰复合纤维	5.42	12.66	37.66	3.73	76.87

由表3-6[118]试验结果可知，如果添加的纤维量较低，则纤维混合物的稳定度增大；但是如果添加的纤维量太高，则分散性降低，强度降低，并且使混合料的稳定度降低。添加活性海泡石纤维和粉煤灰纤维的沥青混合料具有改善的稳定性、流值和饱和度，海泡石纤维和粉煤灰纤维都具有较高的比表面积并可吸附沥青，使得沥青用量更多，孔隙率更大。流值大小与沥青用量密切相关，并且随着沥青用量的增大而增大。试验表明，粉煤灰纤维的加入可以改善沥青胶体的结构，且具有强度高、不溶解、吸附性强、在溶剂中不溶胀的特点，对体系起到增强作用。就力学性能而言，将两种纤维一起加入沥青体系有助于改善沥青混合料的马歇尔稳定度。另外，海泡石纤维和粉煤灰纤维具有非常强的耐磨性，可以形成保护膜，并具有防滑和隔声等效果。

纤维沥青混合料残留稳定度试验，按 $S_0 = (S_2/S_1) \times 100\%$ 计算残留稳定度，结果见表3-7。

表 3-7　纤维沥青混合料残留稳定度试验结果

混合料类型	AC-16Ⅰ	AC-16Ⅰ＋海泡石纤维
残留稳定度/%	8501	94.25
混合料类型	AC-16Ⅰ＋粉煤灰纤维	AC-16Ⅰ＋海泡石纤维＋粉煤灰纤维
残留稳定度/%	92.47	96.68

从表 3-7[118]可以看出，活化的海泡石纤维和粉煤灰纤维可以改善沥青混合料的水稳定性。这是因为海泡石纤维和粉煤灰纤维对沥青都有很强的吸附能力，添加以上纤维的体系沥青用量会增大，沥青的饱和度会提高。它可以使粉煤灰矿料上吸附的沥青增多、沥青膜变厚、游离沥青含量减小，使沥青与集料之间的界面膜得到改善，提高体系抵抗水分剥落的能力，降低沥青胶浆的浸蚀破坏作用（因水分引起），增强沥青胶浆在自然环境中的抵抗力，增强混合料抵抗水损害的能力。因此，添加粉煤灰/海泡石纤维的沥青混合料表现出较强的残留稳定度和改善的抗水害能力。

采用 0℃弯曲试验分析沥青混合料的低温抗裂性，其结果见表 3-8[118]。由表 3-8 可知，海泡石纤维和粉煤灰纤维沥青混合料的抗裂性比普通沥青混合料好得多，这表明添加海泡石纤维和粉煤灰纤维吸收沥青会产生溶胀，使得纤维在混合料中分布无固定方向且相互搭接，起到"链桥"作用，增强了混合料的强度与劲度，可以大大提高沥青混合料的抗裂性。另外在低温下，海泡石纤维还可以将吸附的轻质油类释放一些，从而使沥青的柔性变大，脆点降低，使得复合纤维的添加极大地改善混合料的抗车辙性能。

表 3-8　纤维沥青混合料 0℃弯曲试验结果

混合料类型	AC-16Ⅰ	AC-16Ⅰ＋海泡石纤维
0℃弯曲应变能/(kJ/m³)	0.42	0.66
混合料类型	AC-16Ⅰ＋粉煤灰纤维	AC-16Ⅰ＋海泡石纤维＋粉煤灰纤维
0℃弯曲应变能/(kJ/m³)	0.60	0.68

蒋定良等[119]以 OGFC-13 热混合改性沥青混合料（HMMA）作为对照组，并通过实验室测试研究，比较单独加入海泡石纤维或化工铁粉这两种添加剂及同时加入这两种添加剂，研究添加剂的加入对高温稳定性和水稳定性的改善效果，试验结果见表 3-9。研究发现，以上两种添加剂对沥青混合料的高温稳定性和水稳定性都具有优异的改善效果；将两种添加剂共同加入，可以在不降低沥青混合料使用性能的情况下在一定程度上减少沥青用量，说明加入添加剂改善沥青混合

料的性能具有可行性，且在实际中具备可操作性。

表 3-9　车辙试验结果

混合料类型	车辙变形量/mm	平均动稳定度 DS/(次/mm)
未加添加剂 HHMA	2.23	7323
海泡石-化工铁粉 HHMA	1.78	10500.01

从表 3-9[119]中可以看出，未添加任何添加剂的改性沥青混合料的平均动稳定度为 7323 次/mm，而同时添加海泡石纤维和化工铁粉的改性沥青混合料的平均动稳定度则达到了 10500.01 次/mm，大大高于前者（提高了 43.4%）；在车辙变形量方面，较未加入添加剂的一组而言，后者的车辙变形量降低了 20.2%。在添加剂的结构分析中，海泡石纤维具有出色的抗张性；作为金属粉末的高纯化工铁粉在耐磨耗方面比矿物粉具有更好的性能；此外，由于细度小于矿粉，黏附性也更强，可以在混合过程中均匀地附着在骨料上，形成具有高耐磨性的保护层。在改性沥青中加入混合料拌和时，沥青不会与之发生反应，并且作为矿物纤维的海泡石纤维具有与集料相近的性质，因此与没有加入添加剂的情况相比，混合过程简单、易操作。以上结果表明，海泡石纤维和化工铁粉的加入显著改善了沥青混合料的高温稳定性。

如表 3-10[119]所示，与未加入任何添加剂的沥青混合料相比，随着海泡石纤维和高纯化工铁粉的加入，试块在飞散试验中的损失量有所降低，海泡石和化工铁粉作为添加剂的测试块的飞散损失量减少了 7.4%；加入了添加剂的一组混合料其计算的变异系数也较低，这表明后者相对于前者的测试结果更加稳定和可靠。此外，通过添加剂的添加，可以有效地减少该种改性沥青的用量，并且由于海泡石纤维和化工铁粉的单价低于沥青，因此通过使用添加剂可以减少一部分不必要的沥青用量，且不会对沥青混凝土路面的各项使用性能造成影响。这表明与不含添加剂的沥青混合物相比，添加剂的组合不仅具有优异的技术性能，而且具有更佳的经济效果。

表 3-10　飞散试验结果

试件类型	飞散损失量/%	变异系数
未加添加剂 HHMA	27.9	10.5
海泡石-化工铁粉 HHMA	20.5	6.8

3.2.3 涂料

涂料溶液的基本组成是水、油或胶乳（或各种其他有机化合物），溶液中悬浮有一系列固体物质，用于呈现色彩，或提供防护性薄膜覆盖能力、薄膜强度及抗风化性能。为了使涂料具有一定的流变性能，也可使用有机和无机添加剂，如赛璐珞与黏土。海泡石之所以能用作涂料的添加剂，一方面在于它能防止颜料在贮存过程中的沉淀，扮演悬浮剂的角色；另一方面在于它使得体系的黏度适宜。它还能作为触变剂，使涂料在使用时更加方便。海泡石可以包覆在颜料质点上[120]，一方面有助于改善涂料的色泽；另一方面可以提高体系的去污渍性和耐摩擦性、抗挠曲变形与平整性，增大热稳定性。对比海泡石与有机添加剂，海泡石不会成为霉菌培养基，所以硬水或温度对其黏度无影响。对比美国商业用凹凸棒石与海泡石发现，同样是应用于丙烯酸和聚乙烯酸盐乳胶涂料，海泡石浓度为凹凸棒石的 1/2 时，两者得到类似的效果，当使用表面活性剂对其表面进行改性处理后，海泡石也能作为增稠剂和触变剂。

海泡石可以用作涂料添加剂，可以充当悬浮液并防止颜料在贮存过程中沉淀。海泡石也充当增稠剂，为涂料提供合适的黏度，还起到触变剂（即摇溶）作用，对比添加海泡石的涂料与普通的涂料，前者使用方便，喷洒均匀，固着力强，平整光滑，光彩夺目，而且在高温下也具有一定的稳定性。它与有机添加剂比较起来具有如下优点：与被涂刷的物品不发生反应（有机添加剂会长出一层真菌来）；在含有乙醇的火和高温下也不轻易改变这种涂料的黏性[121]。

张连松[122]研究发现，含海泡石添加剂的无机内墙粉末涂料除了具有涂料本身的装饰性能，还具有抗菌、防霉、调解室内湿度的功能。张连松研究的涂料选用具有孔道结构和层结构的海泡石、硅藻土、沸石等天然矿物功能材料，增加对空气中水分子和有害污染分子的吸附作用。涂层 24h 内对金黄色葡萄球菌和大肠杆菌的抑菌率均达到 99.99%；24h 内对甲醛的去除率达到 98.25%；在高湿条件下及低湿条件下，能够将湿度控制在 40%~60% 之内。

王菲[43]综合采取酸、表面活性剂、高速分散、超声振荡、气流粉碎等方式，进行海泡石矿物纤维解束处理，并对其解束方法与条件进行研究。在酸腐蚀纤维胶结物的前提下，在表面活性剂的润湿作用下，利用机械力、超声振荡作用促使纤维解束。干燥后，水相分散矿物会发生重新凝聚，因此利用气流粉碎设备再次对纤维束进行解离分散，该过程一方面可以将由于水相分散矿物在干燥过后要重新聚结的海泡石纤维分散开；另一方面，在海泡石保持纤维状前提下，使其进一步解聚，从而达到更好的解束效果，以开发一种基于海泡石纤维解束处理的高效隔热建筑外墙涂料。利用微孔纤维矿物材料海泡石来降低涂料的导热性，减少热量的传导，同时，选用内部中空、表面光洁、价格比较低的空心玻璃微珠，该材料的热阻隔性好，对可见光反射率高。海泡石分布于空心玻璃微珠之间，两者的匹配作用使其隔热效果会得到进一步的提高。同时对隔热效果测试装置进行合理的设计改良，使其拥有较好的重现性，受环境因素影响较小。

曾召刚等[123]研究发现，海泡石的短棒状纤维充分分散于水中后，呈现杂乱无序的网状结构。具有相互桥接、承托密度较大优点的填料如重钙颗粒，能够在涂料中发挥抗沉降的作用，特别是当涂料在长时间静置贮存后，流体处于低剪切力条件下时，海泡石能够有效提高涂料的抗分水能力。海泡石具有的网状结构使得涂料在施工搅拌和涂刷时受到搅拌机或者滚筒、喷枪的中高剪切力作用时又能恢复流动性，保证良好的施工性能。滚刷上墙后又可逐步恢复网状结构，赋予其良好的抗流挂性。海泡石有机改性工艺路线见图 3-2。改性前后海泡石 SEM 照片见图 3-3。

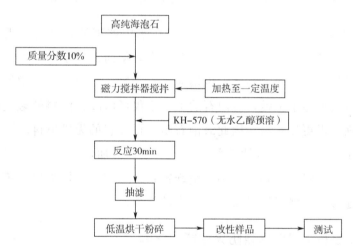

图 3-2　海泡石有机改性工艺路线

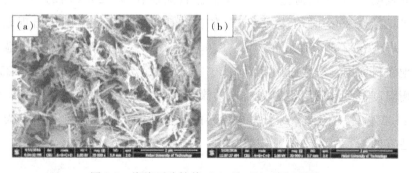

图 3-3　海泡石改性前（a）后（b）SEM 照片

从图3-3可看出，改性前的海泡石纤维由于受表面氢键和范德华力作用，形状为絮状聚集体或片层状[124]，在涂料混合时难以通过机械搅拌力将纤维彻底打散，特别是在含PVC量高的涂料配方中，易絮凝形成团聚颗粒，涂刷时涂层表面不平滑。通过硅烷偶联剂改性后，纤维表面能降低，在相同剪切力条件下单根纤维更易解离、分散性更好，在涂料中形成均匀的网状结构。同时，经高速分散后的海泡石黏度会上升，在同等海泡石添加量下，进行有机改性的海泡石涂料浆体流动性较高，避免出现大添加量下黏度过高的情况，降低体系后增稠风险。

王国建等[125]以水性钢结构防火涂料为试验对象，研究了采用海泡石为填料时对性能的影响，研究发现，水性钢结构防火涂层在膨胀状况、防火性能和耐水性能等方面均有大幅度改善，但前提是海泡石加入量较为合适。此外，海泡石用量与水性钢结构防火涂料体系的黏度、耐水性和发泡层硬度等性能呈正相关关系，但与涂层膨胀度呈负相关。当水性钢结构防火涂料中海泡石添加量为2.88%（质量分数）时，涂料层的综合性能较好。

（1）涂料中海泡石的添加量对其物理化学性能的影响

① 流变性能　因为海泡石中的纤维束在水中解束后，就会形成不规则的纤维网状结构，在其内部包覆了一定量的溶剂水，从而形成了高黏度的体系，且随着海泡石用量的增加，涂料的黏度也增大。一开始，随着时间的增加涂料黏度逐渐降低，然后逐渐趋于平缓，海泡石的加入不仅可以改善涂料的触变性能，而且还使涂料涂刷变得更加容易，因此海泡石是一种理想的无机填料。

② 耐水性　涂料的耐水性随着海泡石用量的增加，也呈现逐渐提高的趋势。这是因为涂料中的海泡石颗粒极小，呈纤维状，当其用量增加以成膜后，能够有效阻止水分迁移，增强了涂料抵抗压力水的能力。

（2）海泡石用量对涂料防火性能的影响

研究表明[125]，不同海泡石添加量的涂料涂层在0～250s内的升温速率并无明显差异，且在250s时均达到175℃左右。但如果继续升温则会出现较大的差别，其中海泡石用量分别为6.50%、8.00%、1.00%的涂料涂层的平衡温度明显高于其他涂料涂层，海泡石用量为1.50%的涂料涂层的平衡温度仅为225℃，为最低平衡温度；海泡石用量为2.88%的涂料涂层表现出较好的防火性能，其平衡温度为250℃左右。因此，综合考虑涂料的综合性能，选择海泡石用量为2.88%是较为适宜的。

3.2.4 塑料溶胶

PVC（聚氯乙烯）微粒分散在一种或多种增塑剂中形成的分散相即称为塑料溶胶[112]，上述所用增塑剂也能作为颜料、填充剂和稳定剂等物质的容量载体，实际应用应按照所需成品功能性质进行选择。例如，添加石蜡或氯化二苯的目的在于延迟可燃性，添加邻苯二甲酸二辛酯与氯化石蜡的目的在于改进电学和力学性质。

塑料溶胶因其特殊的性能在使用时常需要借助汲取工具、喷雾器或其他器具。增塑剂被加热至160～180℃时塑化，当加热至最高温度以上时，PVC微粒因膨胀被全部吸附。此时需继续增加加热温度，直到溶于增塑剂中的PVC形成均质相。当温度下降时，形成的固态均质产品既坚固又有韧性，且可应用于许多方面，小到玩具领域，大到精密的船体水下部分涂层领域。为了得到适于喷雾而无液滴、具有触变性能而又稳定的均质塑料，用表面活化剂制备改性海泡石，将其与其他触变剂（如亲有机的膨润土和热解二氧化硅）相比较，发现改性海泡石效果较好[111]。该结论的得出，需要研究海泡石、亲有机的膨润土和热解二氧化硅在增塑剂DDP中的悬胶流变性能[120]。海泡石具有流变性和悬浮性，均是它适于作塑料溶胶中增稠剂的重要性质。同时，海泡石表面亲水，与极性物质相容性较好，改善它的亲水面可在非极性溶剂中形成稳定的悬浮液。

3.2.5 化妆品

海泡石可应用于化妆品生产中[121]，主要用作增稠剂和触变剂，为糊剂和乳膏提供适当的黏度；同时由于海泡石优异的吸附性能，它的加入能提高体系的黏度、悬浮性、保稠性、保湿性、润滑性等性能，使得化妆品和护肤品的附着力明显提高，它还具有不裂、不脱、灭菌等性能。在某些情况下甚至可以充当油脂和细菌的活性吸收剂。除以上优点外，在化妆品的制备过程中海泡石还具有以下优势：不必预先胶化以发展其合适的流变性质，并且其悬浮液的黏度随水相温度的升高而增加。可以使用诸如丙二醇、山梨糖醇、甘油或乙醇等添加剂来赋予护肤品保湿和防腐性能，而不会影响海泡石悬浮液的黏度。可以在许多产品中使用海泡石：

① 流体乳液　将海泡石添加到水相中时，增加稠度。

② 面膜　用作治疗油脂性皮肤和痤疮的活性物质。

③ 牙膏　海泡石提供了足够的稠度，除了代替部分研磨剂外，还可以作为

细菌吸收剂。

④ 乳霜化妆品　海泡石可作为悬浮剂，使油相中的颜料分布更好。

⑤ 干性洗发水　海泡石吸收油和污垢。

（1）海泡石牙膏

牙膏是一种保洁产品，通过摩擦达到清洁、健美、坚固牙齿的目的[126]。近年来各类清洁产品发展迅速，牙膏新品层出不穷，不同品牌的牙膏具有的功能、性质及保健等目的大不相同，但总的来说，新型全功能低成本的牙膏还很少。根据国内众多学者对海泡石的研究发现，海泡石的结构比较特殊：横截面呈网状，晶体结构较其他矿物不同，纤维中有无数细孔，比表面积较大（150m²/g），有极强的吸附性，所以用海泡石来代替碳酸钙再合适不过了。海泡石牙膏是黄板牙、口臭、牙垢等问题的新一代克星，可替代高价多功能的牙膏。海泡石由于其极强的吸附作用，对吸收口腔中异味（除臭）有一定作用。另外，由于海泡石的独特硬度，刚好可以代替摩擦剂（如 CaCO、CaHPO、2HO、CaHPO、CaPO、NaPO）等物质，使得牙膏成为一种低价位高功效的产品，和国内外同类先进产品相比，成本降低了30%左右。海泡石牙膏性能独特，同时具有除口臭与异味、清洁、健美等功效，因此具有广阔的国内外市场，前景广阔。

（2）海泡石洗面奶

洗面奶作为人们日常生活必不可少的面部清洁用品，是一种高级洗脸剂，其最初的主要功能是清除汗水、污垢等，后逐步衍生出保护皮肤、营养、美白等功效。目前来看，虽然大部分市售的洗面奶都可以起到很好的清洁效果，但在有效地扼杀人们面部的细菌方面的功效是远远不够的，而且吸附能力差。海泡石作为一种纤维状富镁黏土矿物，它所具有的强大的吸附性能和较大的离子交换能力，主要归因于其独特的层状结构和巨大的比表面积；它的结构中还存在沸石水通道和孔洞，且贯穿于整个结构，所以使得整个海泡石结构具有很强的吸附能力，可以吸附大量的水或极性物质，同时也能吸附低极性物质；其大的比表面积也可经过处理得以改善，使之具备成为催化剂载体的良好条件。那么，将天然海泡石原料应用于洗面奶，发挥其特殊的吸附性能，既可有效提高洗面奶的清洁效果，也能促进其他营养成分的吸收，将成为洗面奶领域的一大突破。为了达成以上的目标，研究制备了一种海泡石洗面奶，其原材料组成为：亚微米改性海泡石、蜗牛黏液提取物、芦荟提取物、牛奶、柠檬汁、橄榄油、山茶油、硬脂酸、聚乙二醇、珍珠粉、去离子水。亚微米级的改性海泡石作为洗面奶中其他有效成分的载体，起促吸收、促吸附的作用，既可促进脸部有效成分吸收，又可清除皮肤上的某些污垢和细菌，同时配以蜗牛黏液提取物、芦荟提取物等多种有效成分，实为一种天然绿色的高效洗面奶。

3.2.6　农业

（1）农业废水净化及土壤修复

养猪废水中含有的元素较多，是一类成分极为复杂的高氨氮、高负荷有机废水，溶液中氮、有机物、悬浮物等物质含量大，若随意排放，不仅会污染地表水，还会进一步渗透进入地下水，污染整个生态水资源，导致水体环境恶化，而这一切后果最终都密切联系着人体健康，因此，我们必须重视当前养猪废水的有效合理处置，且必须引起整个社会的关注。海泡石是一种硅酸盐的矿物材料，且具有很强的吸附性能与分子筛功能[127]。生物质炭具有很好的热稳定性和抗生物化学分解特性，且孔隙发达、比表面积大，表面具有较强的化学吸附能力。在处理养猪废水时，有学者分别研究了海泡石与生物质炭对体系的影响，同时投加海泡石与生物质炭有助于提高厌氧反应器的处理效果[128]，单独投加海泡石的效果比单独投加生物质炭的效果略差，但海泡石矿石比生物质炭拥有价格更为低廉的优势；且两者的同时投加，使得废水处理后体系中大分子有机物的含量降低，可为后续的处理操作创造更为良好的条件。事实上，在实际应用时，为保证厌氧反应器的高效运行，可将海泡石或生物质炭以填料或滤床的形式对厌氧反应器进行强化。

符云聪等[129]为了探究巯基改性海泡石新材料在重金属镉污染农田土壤中的修复应用效果，分别采用天然海泡石和巯基改性海泡石进行农田土壤镉钝化试验及土柱模拟酸雨淋溶试验。研究发现：不同镉污染程度的农田土壤，在施加0.1%含量的海泡石材料后，一方面土壤pH明显提高，另一方面土壤有效态镉含量得以降低。通过对比发现，巯基改性海泡石材料对土壤镉含量的降低效果均优于天然海泡石。土柱模拟酸雨淋溶结果显示，在施加0.1%含量的改性海泡石材料后，经酸雨淋溶过后的土壤所含的有效态镉含量，比经天然海泡石处理的土壤平均低0.015mg/kg，且土壤pH平均高出0.05。研究结果表明，巯基改性海泡石比天然海泡石对农田土壤中镉的钝化效果更佳，且经改性后的镉钝化能力对酸雨淋溶的抵抗能力也有所提升。因此，巯基改性的海泡石在酸性农田土壤镉污染修复领域具有较好的应用前景。

（2）农药载体

近年来，黏土矿物质海泡石在农药制剂中被广泛地当作载体材料使用，这是因为将海泡石作为农药载体材料不仅能够提高农药产品的稳定性还可以延长农药的使用寿命，它所具有的各种特性如大表面积、微酸性表面和遇水容易释放出活性化学药剂等，为它拓展了一个新的用途——农药载体。农药制剂大部分都是强活性的化学物质，所以必须要满足少量的农药可以用于大面积的特点，因此，农药就需要液体或固态的载体或稀释剂才能满足要求。海泡石作农药载体可应用在耕作、播种和施肥中。将海泡石制成细粒物质用作农药载体制成的农药制剂，即使在各种风力下也能比较均匀分散在各处。同时，有毒的化学药剂能够在相当长的时间里缓慢地释放出来，因此可以达到长期杀虫的目的。

农药载体需要满足的一点就是必须保持农药制剂的稳定性，而这一点海泡石就极其适用。海泡石的化学惰性使得由其制成的农药具有极高的稳定性，同时，海泡石的自由流动特性也还保留着，在水中依旧可以释放出具有活性的化学物质。此外，有研究发现海泡石自身对害虫也能造成一定的伤害，这是因为海泡石对部分害虫的外表面具有一定的腐蚀作用，同时它还对害虫内部的水具有一定的吸附作用，使得害虫快速脱水死亡。

农药失效主要是由于负载农药的载体表面催化活性减弱造成的，其中海泡石表面上的强酸区就是此种活性的一种。通过 Beneri 的实验技术可以获得一种 pK_a 值为 3.20～1.52 的天然海泡石。当所获得的海泡石的 pK_a 值接近 4 的时候，海泡石表面的酸度已经没有脱活性效应，因此在海泡石的表面就仅仅是弱酸性的，不再具有强催化活性，在农药中就只表现出一种低催化活性。同时，与稳定性相关的一项重要因素为阳离子交换能力及其种类。一般在实验中与海泡石交换的阳离子（大多为钠、钾、镁、钙等阳离子），它们的脱活性能都很低[88]。

对 Endrin DDT、六氯化苯、马拉硫磷和 Sevin 进行分解作用实验，结果表明当农药中存在海泡石的时候，在这四种物质中只有 Endrin DDT 和马拉硫磷二者性质不稳定。但即使它们的性质不稳定，二者的半周期分解时间也是非常长的。

然而，必须指出的是，如果所制得的农药制剂很敏感的话，当它的 pK_a 值接近于 4 的时候，可以使其脱活，此时可以通过尿素、乙烯乙二醇来消除海泡石表面的酸性。

农药载体还必须满足的一个特性就是载体在吸附农药后还需要保持自由流体的性能。而海泡石完全符合农药载体的要求。这是由于其具有较大的比表面积，还可以吸附较低熔点的液态或固态农药，所以在吸附农药之后不会失去自由流体的性能，因此海泡石做农药载体是一个很好的材料[88]。研究还发现，海泡石在吸附45%马拉硫磷后，流动性没有减弱反而增强了。将海泡石作为农药载体的另一个好处就是在水存在的条件下用海泡石作载体有利于活性化学药剂的释放。

　　海泡石因其具有良好的吸附性能，还可以制成高浓度可湿性粉剂、水分散粒剂的载体和浓度较高的颗粒剂的基质。同时，由海泡石制成的颗粒剂具有一定的缓释功能，能够长时间维持农药浓度在一定范围内，所以可以达到长期杀虫的效果，大大节约了用药成本。海泡石干燥之后还能够漂浮在水面上，因此也可以将其制成水面漂浮农药制剂的载体。海泡石作为农药载体必须满足含砂量低、纯度高、比表面积大、Fe_2O_3含量低、吸附容量大等要求。海泡石容易被修饰，利用有机阳离子对海泡石进行改性的话，可以使得海泡石的表面具有疏水性，从而增强海泡石对疏水农药的亲和力。实验发现，采用乙氧基化铵阳离子表面活性剂对海泡石进行表面改性的话，除草剂甲基磺草酮在海泡石表面的溶解度和吸附量就被提高，同时除臭剂甲基磺草酮在水中的溶解度提高了约59.0%，其中除草剂的含量也提高到了15%（质量分数），在80h后大约有30%的甲基磺草酮慢慢地从海泡石载体中被释放出来，而同时商品化的甲基磺草酮制剂释放约60%。

　　目前人们所掌握的消灭害虫的方法存在很多的局限性，其中最突出的就是长期使用杀虫剂会使害虫产生抗药性，为了同时满足杀虫效力和安全性的要求，人们研究开发了一种新型的涂料——杀虫涂料，该涂料不仅能干燥涂料表面，而且还能杀灭与之接触的害虫。研制该杀虫涂料的关键在于解决两个问题：一是杀虫剂与涂料体系的相容性问题，二是杀虫效果的耐久性问题。李玉平等[130]的研究以灭蝇胺、氯菊酯、避蚊胺为杀虫剂，并将改性海泡石作为载体，目的在于制备一种具有杀虫功效的建筑涂料。实验研究表明，海泡石应用于杀虫剂，不仅可以作为优良吸附载体，还能达到缓释的效果，其在提高杀虫效果的耐久性方面具有显著的实际意义。用于涂料中的杀虫剂，应达到如下要求：杀虫方式主要为触杀式；对光、热、温度等条件有一定的稳定性，不易分解；杀菌功效应广谱、高效，而又要无毒（或低毒）；无令人不舒适的气味，不影响涂料的外观质量与内在质量，对杀虫涂料的制备过程无明显影响，且不影响杀虫效果的评价。在活性较高的化学杀虫剂中，以海泡石作为载体时，它的化学惰性使得整个体系具有一定的稳定性，它的大表面积在吸附固态制剂时性能良好；另外，海泡石在杀虫涂料中通过对昆虫外表面的磨蚀及对昆虫类脂化物的吸附作用，导致昆虫在较短的时间内迅速死亡，使得海泡石本身也具有一定的杀虫作用[131]。关莉等[132]以海泡石为吸附剂吸附吡虫啉农药溶液，首先对活化温度对吡虫啉溶液吸附率的影响进行研究，确定了该实验的最佳活化温度为30℃，此时吡虫啉溶液的吸附率为

18.18%。在确定了最佳活化温度后，其后的研究均保持在最佳活化温度下进行，依次考察吸附时间、农药初始浓度、海泡石用量等对吡虫啉溶液吸附率的影响。经过大量实验，通过对比分析多组实验结果可知：海泡石在反应进行 1h 左右即达到了吸附平衡，海泡石用量与吸附率之间呈对数增长关系，可用公式 $y = 0.1847\ln(x) + 0.1771(R^2 = 0.9879$。式中，$y$ 表示农药吸附率；x 表示海泡石用量）表示，随着农药初始浓度的增大，体系的吸附效果趋于良好，当浓度为 $40\mu g/mL$ 时，达到最大吸附率。

（3）其他农业应用

最近也有研究表明，海泡石因其吸附特性和形成稳定悬浮液的能力，可用于农业领域[112]。

① 土壤调理、改善排水和通风　土壤必须具有良好的通气性，还必须能够保留水、离子、养分、肥料等。这种能力直接与构成土壤的颗粒的孔隙率有关。海泡石的高孔隙率使它能够保留可供应给植物的大量水分和养分。煅烧海泡石可提高其在水中或在压力下崩解的机械抵抗力，并提高其吸附能力。

② 种子发芽的液体载体　在传统的播种系统中，将种子引入犁沟并在同一土壤中发芽，产量相对较低。以海泡石制成液体载体悬浮剂可以提高种子发芽率及芽苗成活率。在通过流体系统播种的情况下，种子会在适当温度下在装有合适营养培养基的罐中进行预发芽，然后使用悬浮剂将发芽的种子悬浮在水介质中的犁沟中。该技术可使产量提高 8%。在 4%～5% 的浓度下，海泡石会在所需的时间内产生稳定的悬浮液，以便将种子的胚根插入地下。此外，海泡石凝胶中的水势电位值低，使水很容易被根部吸收。这种特殊的播种方法还允许添加营养素、肥料或农药逐步施用于植物。

③ 种子包衣　另一个可以提高产量的播种系统是种子包衣，可以将农药和肥料掺入种子包衣胶囊中。种子包衣中可以加入微粉化的海泡石，最大粒径为 5pm。包衣涂层在与水接触时会崩解，释放出种子，然后可以利用胶囊中掺入的化合物及各种有效成分，从而达到防治苗期病虫害、促进生长发育、提高作物产量的目的。

④ 肥料悬浮液　含氮化合物以及磷（钾）化合物的浓度不受其溶解度的限制，这些肥料若想保持不溶性产品的悬浮状态，常采用悬浮肥料而不是肥料溶液，需要引入悬浮剂，海泡石具有流变性，且它在低 pH 值条件下具有一定的黏度等性能，使得它具有用作肥料悬浮剂的潜力，有它在的体系通常稳定性都较高。

3.2.7 油脂增稠剂

若想提高油脂的黏度，常需要在矿物油脂中添加海泡石，还必须使其在油脂中充分分散，未经处理的海泡石表面呈亲水性，若海泡石经表面活性剂处理后，也能实现充分分散以形成高黏度的油脂[111]。海泡石表面本是亲水面，与极性化合物具有一定的相容性，经表面活性剂改性后其表面疏水，因而可以较好地分散在矿物油中以形成高黏度的润滑脂。海泡石经烷基甲基苯氯化铵改造后，在二异辛基己二酯、硅酮 500 号溶液以及矿物油与 50%聚丁烯混合液中，能有 15%被分散而形成高黏度的润滑油。

3.2.8 钻井泥浆

黏土矿物本身具有较好的热稳定性和抗盐性能，常用在石油钻井和地热钻井中。海泡石颗粒在吸附钠离子后，会发生分散和水化改善。两者的机理与钙型膨润土改性处理后的机理具有较大的相似性，可以大致描述为颗粒表面原本具有的高价阳离子被低价的钠离子置换，该置换反应的结果是使得颗粒的 ζ 电位升高，水化膜增厚，颗粒间的斥力增强。但两者的机理也存在本质上的不同，钙型膨润土由于含钙量丰富所以发生置换的主要是钙离子，而海泡石中发生置换的主要是镁离子[131]。此外，海泡石对于分散剂的选择性较膨润土弱，所以几乎所有的钠盐都可以用作它的分散剂，正因如此，用海泡石作为抗盐黏土配制盐水泥浆具有一定的优越性。

在油井循环钻井的泥浆中加入海泡石黏土，其目的在于利用其黏性除去孔内钻头上的岩屑，防止井底胶凝；另外，可以润滑钻头，防止孔内塌陷，防止在孔数较多的地层中液体的流失[133]。在钻井泥浆中加入海泡石黏土，使得体系即使在比较低的固相黏度下，也能保持黏土的稳定性，其理想黏度贯穿于整个钻井过程。究其原因，在于海泡石并不依赖其膨胀性来产生黏度，而是能够在盐、硫酸钙或硫酸镁等污染物存在的条件下都保持稳定。若深孔钻井所处的温度较高，则海泡石表现出优异的稳定性和抗盐性，在整个钻进过程中，海泡石泥浆的剪切力会有所变化，但总的来说它不会降低体系的黏度，相反还会使体系的黏度提高，因此，海泡石泥浆在深海石油钻井、内陆含盐地层的石油深井和地热钻井的钻进过程中，是一种优质的钻井泥浆，部分酸溶性海泡石黏土可作为钻进的完井液。

杨光华[134]以湖南海泡石黏土矿为研究对象进行了室内造浆试验，在南海油田进行钻井泥浆试验。试验证明，在油田钻井方面若想获得优质抗盐防塌泥浆，可考虑用海泡石代替膨润土，以达到安全钻穿复杂地层的要求。在生产成本方面，海泡石的价格与膨润土相当，且因在配基浆时可直接使用海水，从而简化了泥浆工艺，不仅适用于盐侵易塌地层，而且也可用于其他一些地层，在海洋钻探中表现出其独特的技术经济价值。由于粒度对土粉的造浆性能有一定影响，所以在生产过程中最好不要加工得过细。在美国石油学会（API）标准中，对海泡石和其他抗盐黏土成品并无干筛分析的要求（即无具体的粒度要求），因此，通常以加工成小于 0.9mm 为宜。在该油田进行的泥浆试验基本达到预期目的。

　　为了避免固井后出现封隔失效，环空里发生气（水）窜，郑锟[131]以具有"稻草束"状的网状纤维结构的海泡石为原料，将其作为主要增塑剂来增大油井水泥环力学形变能力，以提高水泥环的塑性。该研究首先通过对比实验探索海泡石的加入与否对水泥浆体系施工性能的影响，进而考察了它对塑性的贡献，探究了海泡石与超细水泥作用的情况，最后从微观的角度进行了分析解释。通过研究可知，海泡石的加入对水泥浆密度影响不大；随着海泡石加入量的增大，宏观上主要表现出流动度变大，静切力增大，析水减少，体系更加均一，稳定性更好；能够较理想地改善胶结强度、抗折强度、抗冲击韧性等塑性指标，其提高的幅度可达 30% 以上，最好的情况能达到 40% 左右；随着温度的升高表现出先缓凝后促凝的作用，当体系温度低于 65℃时，海泡石表现出缓凝的作用，当体系温度高于 80℃时，则表现出促凝的作用；缓凝时加量增大，凝固时间缩短，促凝时凝固时间同样缩短。

　　在钻井操作中采取旋转方法时，流体连续地循环以消除钻井中产生的碎屑。钻井液在泥浆罐或井中沿着空心钻杆抽出，通过孔底部钻头中的小孔流出后，通过位于孔壁和钻杆之间的环形空间向上升，迫使钻屑出来。通过使用筛子或通过将碎屑沉降到泥坑中的操作，可以清除泥浆表面的碎屑。钻探泥浆具有三重功能：①清除钻探过程中产生的钻屑；②润滑并冷却钻杆；③在钻孔的壁上形成不渗透的涂层，以防止水渗透钻井液进入地层。要求该涂层必须很薄，以免干扰钻孔操作。钻井泥浆必须具有一定的流变性，当泥浆因为黏度的原因不运动时，它必须具有一定的胶凝强度，以防止在钻探液因故暂时停止泵送时钻屑的沉降，并且必须易于泵送。此外，在深钻孔过程中常常会导致高温，所以要求其性能必须稳定且在过程中几乎没有变化，在钻孔过程中遇到电解质浓度变化较大的情况时，其性能受到的影响应尽可能小。海泡石的泥产量超过 150 桶/t，将海泡石加入饱和盐水中，使用添加剂可改善海泡石的保水性能，常见的添加剂有氧化镁、马来酸酐与乙烯的共聚物等。海泡石与盐水中的膨润土等其他黏土矿物相比具有显著的优势，这主要是由于其对电解质的敏感性极低。

3.2.9 动物饲料

海泡石具有的独特性能，例如：吸附性、自由流动性、抗胶凝性、化学惰性和无毒性，使得当将其应用于动物饲料时，可根据不同的需求选择不同的粒状形式。

① 饲料添加剂 海泡石作为动物饲料添加剂，其目的在于提高饲料的利用率，它还能够有效控制腹泻，主要针对因中毒或特殊氨引起的腹泻；还能预防氨引起的中毒和慢性疾病；它优异的吸附性能使得细菌在肠胃内就能被杀灭。

② 添加剂载体 在动物饲料的生产过程中，海泡石用作微粒配合饲料的载体，可使饲料中各添加剂混合均匀，保持整个体系的稳定性，使肠吸附不受影响；且海泡石还具有两个特殊的性能——自流性和抗凝性，以上两个性能方便了产品的包装、运输和贮藏等过程。有学者研究发现[111]，海泡石矿物饲料添加剂在除毒方面的效果也十分显著，特别是针对动物微量元素服用过量的情况，还对不脱毒的棉籽饼和霉变玉米中毒等现象有明显的解毒和防毒效果。

海泡石的加入能够使添加剂更为均质化，并且由于海泡石既不太吸湿，也不产生极端的 pH 值，因此有利于辅助动物饲料载体组分的稳定性，使其在肠吸附中不受影响。目前在饲料中添加矿物质、维生素以及抗生素等已经是一项成熟的技术了，但是生产者仍然面临着如何把这些物质进行剂量化的难题。研究发现，适宜作微量配料的载体海泡石粒度大致为 60~120 目，将这种粒度的海泡石添加到饲料中可以使饲料分散得更加均匀[135]。此外，影响饲料组分聚集成团的其他因素还包括：海泡石的含尘量、形状、容积密度、体积、表面积以及静电负荷等。

研究发现将海泡石添加到动物饲料中，能使饲料中的各种组分如维生素、矿物成分和抗生素等均匀分布，同时海泡石的加入可以使饲料中的维生素和矿物质与微量元素在肠道中不易发生反应，并且也不会阻碍物质的吸收。研究者通过比较选择了碳酸钙、谷壳粉、海泡石粉三种比较常用的添加剂载体作为研究对象，以乳酸乙酯为吸附质对其进行研究，结果得到 3 种载体的吸附等温式。最终发现海泡石不仅是一种具有极强吸附能力的吸附剂，同时还是一种良好的辅助动物饲料载体。湖南省矿产测试利用研究所研制出海泡石矿物饲料添加剂，对其进行试验发现在动物饲料中添加一定剂量添加剂之后，猪的平均日增重提高 8%~

20.5%，饲料报酬提高 6%～14%，饲养期缩短 20d 左右；仔鸡平均日增重提高 6.17%～16.6%，饲料报酬提高 3.6%～8.67%[136]。海泡石的比表面积大，吸附能力强，使得活性产物能够被保留下来，同时海泡石的离子交换能力弱以及表面铁的含量都比较低，这使得海泡石适宜作为药物的赋形剂，避免发生氧化降解。利用海泡石制成的辅助动物饲料载体能够在胃肠壁上形成一种凝胶，这种凝胶可以在肠胃壁上形成一种保护膜使得肠道黏膜不被破坏，同样的，它也能够在动物消化道内选择性吸附氨气、硫化氢、二氧化碳等气体以及铅、砷、镉等一些有害重金属元素，而将含有的有益元素释放出来，从而改善消化道的生理环境，促进消化液的吸收，为动物提供一种良好的生长条件。

目前在畜牧业中由海泡石制成饲料添加剂已经取得了广泛的应用。但是对于天然海泡石而言，它的内部孔道窄、热稳定性差、表面酸性弱、吸附性和离子交换性都比较弱，其吸附作用的发生不需要外界的协调，但是在有水分存在时，水分越多占据的表面就越大，这就会使其吸附能力快速减弱，因此在制备饲料添加剂载体时，必须要遵循 DB43/T 886—2014 中的规定，保证饲料添加剂载体的水分含量低于 8%[137-142]。

③ 其他方面　海泡石还可用作预混合载体、抗结块剂、颗粒饲料黏合剂，少量用作生长促进剂[110,143]。

海泡石的化学稳定性高，虽然它的阳离子交换能力差，但在正式混合之前用作预混合载体时，具有不会与载体上负载的活性物质发生反应的优点，所以它将是优选的预混合载体。饲料常被加工成各种形状，若在颗粒状饲料的生产过程中，往混合料中加入 2%～4%的海泡石，可以发现，成品饲料各成分间的黏合力显著提高、饲料颗粒凝聚成团的性能显著增强。与其他黏土矿物具有类似的性质，海泡石还可用作液膜黏合剂，以海泡石作液膜黏合剂生产的颗粒中含 0.5%～2%水分。当对海泡石加压时，它本身的吸附性能和胶凝作用增强[110]，所以饲料中添加海泡石时有助于提高颗粒的硬度及耐久性，在油类和脂肪类物质含量比例较高的饲料中，海泡石无疑是最合适的黏合剂；各种研究发现，由于海泡石在吸附能力、胶体性质和阳离子交换等方面的特征，使得它能促进动物生长。目前对于海泡石饲料的应用研究大多集中在猪饲料中，但其实它在肉食和产蛋鸡饲料中的应用研究也取得了较好的结果。

朱南山等[144]关于海泡石在饲料工业中的应用研究主要包括：

① 抗结块剂　通过吸着和半吸着作用，海泡石能滞留多种液体物质，用作抗结块剂、自由流动剂，另一方面还可控制混合物的湿度或包住产品的表面使其呈流态，容纳大量水分或极性物质。天然海泡石可滞留相当于其本身重量 2～2.5

倍的水，其分子内的配位水和沸石水可与极性强的小分子置换，加热至 300℃，吸附性因结构的改变和孔隙的破坏而减弱。海泡石吸附非极性有机化合物时，这种吸附似乎仅发生于其外表面上，并在很大程度上跟吸着物分子的大小和形状密切相关。

② 辅助饲料载体　当在选定饲料载体时，常需根据含水量、粒度、容重、表面特性、流动性、酸碱度等诸因素来考虑，其中需要特别关注的是粒度、容重、流动性等重要因素。饲料中的维生素、矿物成分和抗生素等微量成分在 60～100 目的海泡石颗粒下均匀分布。海泡石的粒度、形状、体积密度、表面积静电荷等特性对此发挥了重要作用，其吸湿性和遇水时所呈酸性都不是很强，也保证了在上述成分共同存在时的稳定性。一系列的生理学和兽医学试验表明，海泡石与肠道吸收的维生素和矿物质不易发生化学反应，同时也不影响其吸收。

③ 饲料黏合剂　用海泡石作饲料黏合剂比用磺化木质素等的效果好。鱼、禽、畜的饲料用海泡石做成球粒状，可在较低的温度条件下使用，有效地避免了高温下维生素、蛋白质等因水解造成的损耗。另一方面饲料易于结粒，海泡石的添加还有助于提高颗粒的硬度，既可提高生产能力又可延长颗粒寿命。在散装运输时，可减少粉末的发生、稳定颗粒颜色、延长压膜寿命。饲料中加入适量海泡石可以提高饲料的效率，增加动物体重，其原因可能是食物在肠道中形成凝胶而减缓运动，从而使其中的蛋白质得到更充分的消化和吸收。

A. Alvarez[112]发现海泡石用于动物饲料主要在于以下几个方面：

① 生长促进剂　对海泡石在牛和家禽饲料中产生的作用进行的实验研究，发现浓度为 0.5%～3% 的海泡石可将猪的饲料效率提高到大约 7%，将肉鸡和兔子的饲料效率提高到大约 10%，兔子的体重也增加了 6%～7%。海泡石作为饲料黏合剂比用其他黏合剂（如木质素磺酸盐）获得的饲料效率更高，产生该现象的原因可能是饲料通过肠的速度较慢导致凝胶形成，从而使蛋白质的消化率提高。海泡石由于其优良的吸附氨性，可以通过吸附氨来控制其含量，从而有效防止中毒或氨引起的慢性疾病；同样海泡石还可以吸附毒素或特定的氨，以相同的方式控制腹泻，粪便中的恶臭也随之减少。

② 补充剂的载体　在饲料中添加维生素、矿物质、抗生素等是一种广泛使用的技术，制造商需要考虑的问题是使微量成分适量。粒径为 60～120 目（ASTM）的海泡石具有良好的微成分均质性，可作为载体。为了避免诸如尘土、堆积密度、尺寸、形状、表面电荷和静电电荷等一系列因素引起的组分聚集，海泡石是必不可少的。与此同时，海泡石还有另外一个重要的特征——与紫罗兰成分的化学相容性，由于海泡石吸湿性不高，所以在水存在的条件下也不会产生极

端的 pH 值，因此可以确保组分的稳定性。为了探讨海泡石对维生素和矿物质在肠道中吸收的影响，该研究进行了一系列生理和兽医测试，结果表明，海泡石相对于微量成分具有化学惰性，但不会影响它们的肠道吸收。海泡石具有的自由流动性和抗结块性对于产品的包装、运输和贮存具有较好的作用。

③ 饲料黏合剂　分别用海泡石、膨润土、木质素磺酸盐和其他黏合剂进行对比试验，该研究得出的结论是，海泡石作为黏合剂的性能优于其他产品。它有助于将鱼、家禽、羔羊饲料以及所有普通饲料制成颗粒，从猪等脂肪含量很高的饲料到兔子等纤维含量很高的饲料，用海泡石获得的颗粒饲料具有 95% 的耐久性。与其他黏合剂相比，黏土的流体作用允许使用较低的温度和力，考虑到在高温条件下维生素和蛋白质等可能发生的水解，该因素非常重要。这在制造过程中构成了明显的能量节省。

3.3　海泡石催化性能应用

3.3.1　催化剂载体

海泡石是一种链层状水镁硅酸盐或镁铝硅酸盐矿物，在海泡石的结构中硅氧四面体和镁氧八面体是通过共同顶点连接在一起，并且二者交替排列，形成了一种三维的立体骨架结构。海泡石还具有层状和链状两种过渡型特征，海泡石内的孔道和孔隙存在于整个结构中，这就使得海泡石内部结构十分空旷，与沸石分子筛的结构类似，是一种多孔性物质[86]。海泡石具有纤维状结构，在其内部还存在着定向的通道，并且表面沟槽也比较多，比表面积高达 $800\sim900m^2/g$，与其他无机矿物质相比，海泡石的比表面积最大。海泡石的特殊结构使得它具有良好的催化性能。

众所周知，在催化工业中被应用最广泛的材料是 Al_2O_3，但是由于这种材料比较贵，同时还容易和其他材料组分（如活性金属 Me）作用（形成 $MeAl_2O_3$），造成催化剂的失活，因此研究开发出一种新型的催化材料迫在眉睫。通过研究发现海泡石可以替代 Al_2O_3 作为新一代的催化材料，发展潜力和应用前景非常可观。在我国海泡石分布范围广、矿藏量大，对海泡石进行深入的探究，不仅具有理论价值，而且有很大的现实意义。研究人员通过实验发现，经过改性的海泡石作为载体，之后采取浸渍法将铜负载在海泡石上面制得铜/海泡石催化剂，采用铜/海泡石催化剂对 NO 进行还原，然后对所制得的催化剂的性能进行了探究，发现铜/海泡石催化剂对 NO 具有良好的催化还原效果。同样，通过实验研究发现，在相同条件下，铜/海泡石催化剂对 CO 还原 NO 的催化活性高于 Cu/ZSM25 催化剂，因此可以看出铜/海泡石催化剂效果较好，这也为控制 NO 污染提供了新的方法，所以可以进一步深入研究该催化剂，让其得到实际应用[111]。

海泡石是一种多孔型物质，具有大的比表面积，较强的吸附能力，能将多种催化剂单质或化合物吸附到海泡石通道内[145]。海泡石中存在大量的碱性中心 [MgO_6] 和酸性中心 [SiO_4]，可以增大海泡石的极性，从而将被吸附的物质快速极化，有利于反应的进行[65]。在海泡石的外表面具有 Si—OH，它对有机质有极强的吸附能力，能直接与液态或气态的有机反应剂反应生成有机物衍生物，同时还能够保持矿物的骨架不变。此外，海泡石还可以与其他催化剂协同反应产生良好的催化作用。天然黏土矿物质被用作催化材料有很长的历史，科研人员一直在寻找着开发出一种新的黏土催化材料。工业上所用的催化剂，大多都具有以下几个特点：力学稳定性好、热稳定性好以及比表面积大，而海泡石材料完全符合这些技术要求。由于海泡石比表面积大、吸附中心多、力学和热稳定性好，所以是一种很好的催化剂材料。将海泡石作为催化剂载体主要有以下作用[88]：

在某些化合物脱金属化和脱沥青作用，以及氢化脱硫或氢化裂解过程中，海泡石可以负载锌、钼、铜、钨、铁、钴、镍等金属元素。

在烯烃或芳香族化合物中的不饱和碳碳双键的氢化作用过程中，海泡石可以负载镍、钴、铜等元素和碱金属或碱土金属的氟化物。

在氢化、脱硫、脱氮或脱金属化过程中海泡石能用于负载钴、镍、铁、锌、铜组和钼、钨、钒、镍、钴、铜组的金属元素以及属于镧系的其他金属元素。

由于海泡石可以负载锰、镁、铜或锌等金属元素，所以可以将其应用于从乙醇中制备丁二烯的工业生产中。同样，由于海泡石也可以负载铝和镁，所以也可将其应用于从甲醇中提取烃的工业生产中，海泡石不仅可以作为催化剂载体，它自身对其他的物质也具有一定的催化作用。如：在乙醇中用海泡石作催化剂可以从中提取出乙烯。

海泡石的其他应用有：①将海泡石当作 Ni 的载体用于汽油（大都是不饱和的或芳香族的烃类化合物）的氢化过程中；②海泡石还可用在单烯烃中碱质的氢化以及烯烃的异构化中；③将海泡石当作镍或钴的载体可以对含 10 个或 10 个以上碳原子的 n-链烷进行氢催化裂解。

目前已有研究者对海泡石在催化领域的应用如催化脱氢、加氢和光催化等方面做了相应的研究。其中，曹声春等[146]第一次研究出了一种新型的催化剂：Ni-海泡石型催化剂，通过实验证实了在苯加氢的实验中这种催化剂的热稳定性以及抗毒性比 Ni-Al$_2$O$_3$ 催化剂好得多，并且这种催化剂的使用寿命也比较长，以往的催化剂只能使用 18 个月，现在可以使用 48 个月了。研究人员通过实验制备了一种海泡石与 Al$_2$O$_3$ 混合载体负载铂催化剂[147]，可以将其应用在环己烷脱氢反应中，同时对其进行比较发现由此制备的催化剂的抗硫性能以及催化活性要比 Pt/Al$_2$O$_3$ 催化剂好得多，并且其活性组分的分散度和活性中心数增大。研究还发现，通过浸渍法可以制备出铜/海泡石催化剂，这种催化剂对 NO$_x$ 也有一定的催化还原性能。通过实验制备的纳米 TiO$_2$/海泡石载体催化剂[148]，可以对甲醛气体进行光催化作用，经实验测定其对甲醛气体的降解率高达 98%。

3.3.2 非碳纸显色剂

非碳纸（NCR）也叫无碳复写纸，是一种特种纸，这种纸能够产生与蓝色复写纸（carbon paper）相同的效果，与其他复写纸不同，使用 NCR 不会沾污手指，用起来更加方便卫生。NCR 的这种优良特性，使得这种纸在后来被传播到各个国家，之后许多的造纸厂也开始研发这种纸，申请专利以保证产权不被窃取。因为生产这种纸的时候没有用到平时所用的复写碳料，所以也把它称为无碳复写纸（carbonless copy paper），简称无碳纸。把 NCR 划分成特种纸中的一类有以下四点理由：第一，纸的结构比较特殊，NCR 大致分为上、中、下三纸（图 3-4），在每页纸上又有几种不同的结构，这与普通纸是有区别的，普通纸一般都是单层结构而 NCR 则是多层结构，二者在结构上就有很大的差别；第二，纸张里所加入的化学品也不一样，例如在 NCR 中有一种微胶囊，这种微胶囊里面加入了无色染料以及显色剂等添加剂，而普通纸里面添加的一般都是松香胶、

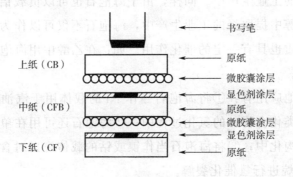

图 3-4　NCR 的构造[149,150]

变性淀粉等物质；第三，NCR 的制作流程比较复杂，普通纸拿出来就可以直接使用了，NCR 的加工技术难度也比较高，在制作的时候需要分层次进行涂布作业，并且每一层的涂布都需要进行多次；第四，应用的领域比较特别，NCR 大多用在金融财政、电子通信、国防军事、航空航天等领域，而普通纸多用在日常生活、印刷出版中。

NCR 的内部结构为在上纸（CB）的下表面涂上带有药水的微胶囊；在中纸（CFB）的上表面涂上显色剂，下表面涂上带有药水的微胶囊；在下纸（CF）的上表面涂上显色剂。NCR 的使用原理是对纸面进行加压时（如书写、打印），NCR 里的微胶囊因承受不住压力发生破裂，里面所含的药水就同下层的显色剂进行显色反应，使得受了压力的区域呈现出所写的痕迹。

海泡石结构上的特殊性，使得它可以作为 NCR 的显色剂，主要是因为在海泡石内部结构中的四面体片上的 Si 原子可以被三价原子取代从而会产生 Lewis 酸中心。同时，在海泡石的表面也存在着大量的 Brønsted-Lowry 酸中心，这些酸中心都可以与微胶囊中的染料母体发生显色反应（起催化作用），显示出特定的颜色。显色之后不褪色是因为海泡石吸附性能极强，可以一直将有色分子牢牢地吸附着，从而使得颜色一直存在，因此将海泡石用作 NCR 显色剂的时候，它能够使 NCR 保持永久的颜色，不褪色，可以制造出品质良好的 NCR[88]。

3.4 海泡石填料性能应用

3.4.1 橡胶填料

在橡胶工业常用的各种填料中，炭黑一直居第一位，大约占所有填料的 60%，高岭土（陶土）居第二位，其次是其他的白色填料，如白炭黑、滑石粉、碳酸盐类。炭黑的应用为复合橡胶的高性能、大规模应用提供了保障。然而这类填料的消耗量非常有限，其生产过程完全依赖于化石燃料，且在生产过程中会释放大量温室气体和粉尘等环境污染物，所以在矿物油供应不足的现状下，人们已经感觉到了炭黑和合成二氧化硅类填料价格的不断上涨导致了生产成本提高。近年来，人们对环保日益重视，寻求绿色、环保、功能化的橡胶填料逐渐成为研究热点。因此炭黑可能有被其他廉价材料取而代之的趋势，所以应尽可能采用一些在制备过程中能耗低的材料，如天然矿物质。海泡石作为一种纳米级纤维矿物，不仅储量丰富、无污染、低成本，而且对复合材料的补强性能优越，有望替代炭黑作为复合橡胶补强填料。

丁德宝[151]拟采用三元乙丙橡胶（EPDM）为基体，使用改性海泡石和炭黑作为填料，旨在制备出一种新型的汽车密封材料。研究双相填料的协同作用对复合橡胶力学性能的影响，并初步探讨其补强橡胶的机理。研究表明，海泡石可以部分替代炭黑填充橡胶，使复合橡胶获得优异的力学性能。

海泡石是一种天然含水镁硅酸盐矿物，由于其具有优异的性能（纤维结构特殊、表面物理化学性能较高），逐渐替代传统的材料，发展为一种新的无机半增强填料，并且在橡胶工业中得到了应用。任碧野等[152]研究发现，海泡石具有较大的形状比、较高的表面物理化学性质、较强的吸附能力，但表面的亲水性使得它不易被胶料润湿和分散，通过表面处理能改进海泡石的上述性能并增强海泡石与橡胶的界面相互作用，使其达到中等补强性能。若将带有活性功能团的高分子接枝到海泡石的表面或将单体吸附在海泡石的沸石通道或孔洞内通过"原位"聚合，有望大大提高海泡石的补强性能，且比偶联方法的成本低。

通过对浏阳海泡石公司所产的海泡石原矿进行处理和研究发现，它对橡胶有很强的补强效果，为国内海泡石材料的应用开辟了一条新道路[153]。该海泡石矿虽然属于低品位海泡石矿，但它仍具有特性：强吸附性、黏结性、流变性、悬浮性等。对原矿进行一般加工，补强效果不理想，该公司通过对原矿有选择性地采矿、精细加工和硅烷偶联剂处理，经试验验证能满足橡胶生产的需要，补强效果好，能降低橡胶生产成本，具有较好的经济效益。加工处理后的海泡石与橡胶等高分子有机材料相容性显著提高，与橡胶混炼时间短，节省能源，并可保证橡胶制品具有良好的物理力学性能，能取代炭黑和白炭黑用作橡胶填料，被认为是一种新型优质的橡胶补强剂。

罗北平等[59]采用不同条件对海泡石进行表面处理，通过比较改性后海泡石的性能，探讨了海泡石表面改性的最佳条件，另外，通过改变表面处理剂的种类、用量，表面处理时间及干燥温度等因素，通过多组不同实验结果分析，对比不同条件下橡胶性能的差异，研究各因素对橡胶性能的影响。结果表明，海泡石填充橡胶的综合性能提高效果优异，且明显优于陶土和碳酸钙填充的橡胶材料的综合性能，因此可作为一种新型橡胶无机填料，该无机填料的应用既可简化生产工艺，又可降低生产成本。有研究发现，改性处理对海泡石的物理性能影响较大，且有明显的提高，尤其是以月桂酸及吡啶为改性剂改性之后，体系力学性能较未改性的体系提高显著；改性之后的海泡石其综合性能明显优于以陶土和碳酸钙为填充剂的情况，但较炭黑的性能要差，可作为橡胶的中等补强剂。

3.4.2 塑料填料

聚合物/黏土复合材料由于其优异的力学性能、低成本、易加工的特点，一直是材料研究领域的一大热点。文献中报道的大多数纳米黏土矿物，一般是指层状的硅酸盐类，如蒙脱土、累托石等；而海泡石作为一种富含镁离子的纤维层链状硅酸盐黏土矿物，具有比大多数纳米黏土更高的长径比，比表面积理论值高达 $900m^2/g$，热稳定性良好，在聚合物的填充改性应用方面前景广阔。

郭静等[154]研究发现海泡石应用在聚丙烯（PP）复合材料中可提高其热稳定性，这主要归因于海泡石较高的耐热性能。由于海泡石属于层链状的硅酸盐矿物，耐热性较高，当将其加入聚合物中后，无疑会对材料的耐热性有所贡献。另外，还归因于海泡石具有较好的分散性和较高的比表面积，使其对 PP 热降解过程中形成的小分子的挥发具有很好的屏障效用，从而使降解速率下降，降解温度提高。只需少量的改性海泡石便能够在 PP 基材中高度充分分散，在基材中形成纤维网状结构，对复合材料起到随机增强的作用。海泡石的层链状结构存在位阻效应，所以在拉伸过程中可以有效阻碍 PP 分子链的扩展。改性海泡石粒子有助于引导 PP 异相成核从而形成大量的微晶，因此改变了微晶尺寸，最终使得 PP 复合材料的微晶尺寸变大，片晶厚度增加，从而提高了 PP 复合材料的抵抗冲击的性能。对于有机海泡石的原位插层，试验采用苯乙烯乳液聚合法，将插层产物聚苯乙烯（PS）-海泡石与聚丙烯（PP）熔融共混，所得产物即为 PP/PS-海泡石插层纳米复合材料。观察流变测试结果发现：PP/PS-海泡石插层纳米复合材料的参数与典型的假塑性流体高度吻合，其偏离牛顿流体的程度与 PS-海泡石含量呈正相关，表观黏度和零切黏度与 PS-海泡石含量呈负相关，PS-海泡石有助于改善 PP 的流动性能。添加 PS-海泡石后，复合材料的黏流活化能明显小于纯 PP，活化能的改变有利于复合材料在较宽温度范围内加工。观察扫描电子显微镜结果发现，PS-海泡石颗粒形式为二维纳米级，均匀分散在 PP 基体中，且相容性良好。

吴娜等[155]制备了聚丙烯（PP）/改性海泡石复合材料，采用双螺杆挤出机制备该海泡石共混复合材料，对所得复合材料采用 SEM、XRD、DSC（示差扫描量热仪）、TG（热重分析）等表征，以考察其结构和性能并进行深入研究。结果表明：经改性处理的海泡石在 PP 基材中的分散程度较添加纯海泡石的 PP 基材更加均匀；少量改性海泡石的引入就能引起 PP 材料性质的变化，增大了 PP

的结晶度以及微晶尺寸，并且提高了 PP 材料的热稳定性和力学性能。

闫永岗等[156]将海泡石（SEP）添加到膨胀阻燃聚丙烯（PP）复合材料中，考察了 SEP 对该复合材料的协效阻燃作用。结果表明，PP 复合材料的极限氧指数由于 SEP 的加入而明显提高，且通过 UL94 垂直燃烧 V-0 级测试；根据热重分析结果可以看出，添加 SEP 的 PP 复合材料其热稳定性明显提高；根据锥形量热仪测试的数据结果，引入 SEP 的膨胀阻燃聚丙烯复合材料其热释放速率及产烟量明显降低；少量海泡石的加入便能减少膨胀阻燃剂的用量，对于阻燃复合材料的吸湿性能的改善效果明显。

目前，塑料改性的方法很多，填充改性是塑料改性的方法之一，这些填料不仅具有填充和降低成本的作用，还具有改善制品某些性能的功能。

石彪[157]通过研究海泡石填充量对 LDPE（低密度聚乙烯）体系的拉伸屈服强度的影响发现，其随着海泡石填充量的增加而增加，当填充量为 60％时出现峰值，此现象可能是由海泡石具有的多孔结构和较大的比表面积所致。当海泡石加入 LDPE 的连续相中后，由于它的强吸附及表面活性，LDPE 分子间相互作用增强，所以出现随填充量增加，LDPE 体系的拉伸屈服强度增加的情况。但当继续增大填充量时，LDPE 可能成为不连续相，使得分子间作间力削弱或海泡石局部分布不均而引起应力集中，以致强度下降。表 3-11[157]是海泡石填充量对 LDPE/海泡石体系断裂伸长率的影响，由表 3-11 可见，LDPE/海泡石体系断裂伸长率随海泡石填充量增加而降低。其原因是填充材料的断裂伸长率主要是由聚合物本体材料决定，刚性填料粒子具有阻碍伸长发展的作用。随填料增多，这种阻碍作用增大，因而体系断裂伸长率下降。

表 3-11　LDPE/海泡石体系断裂伸长率

海泡石/份	0	10	20	30	40	50	60
断裂伸长率/%	440	382	260	114	69	67	28

聚丙烯（PP）作为一种通用塑料，应用极为广泛，具有来源丰富、价格便宜、密度小、刚性小、流动性佳、易于加工等优点，发展非常迅速，特别是随着目前汽车、家电、机械等行业的快速发展，使得对它的需求也越来越大。但 PP 也存在一些不足，例如低温脆性、制品的收缩率大，并且由于 PP 作为非极性聚合物而与大部分聚合物的相容性较差等，这些都限制了 PP 的应用范围。

戈明亮[158]制备了聚丙烯（PP）/海泡石复合材料，主要考察了海泡石的添加对复合材料各方面性能的影响，比如：熔融性能、结晶性能、力学性能及热变形温度等。该研究得到了以下结论：海泡石的加入对 PP 的结晶起到了异相成核的作用，提高了 PP 的结晶温度；因为针状的结构体积小，易分散和运动，在升温熔融过程中，导致在温度达到 PP 熔点之前，PP 的晶体被破坏，从而降低了 PP 的熔点；在复合材料的结晶过程中，海泡石阻碍了 PP 分子链的进一步有序排列，导致其结晶度下降[158]；海泡石的加入明显提高了 PP 的热变形温度。

本章主要介绍海泡石同族或其他与海泡石相类似的黏土矿物的性质及应用，包括凹凸棒石（坡缕石）、膨润土、高岭土、伊利石。

4.1　凹凸棒石

4.1.1　基本性质

凹凸棒石与海泡石同族，是一种稀有的天然非金属黏土矿物。凹凸棒石主要的矿物成分为凹凸棒石（attapulgite，ATP），又称为坡缕石或者坡缕缟石[159]。天然的凹凸棒石在矿物学上存在着一定的局限性。矿物中有共生和伴生的杂质，主要是一些蒙脱石、伊利石和伊蒙混层矿物，碳酸盐类矿物（白云石为主，以及少量方解石），以及硅氧化合物（石英、微晶蛋白石、非晶蛋白石等），还含有少量的磷灰石、软锰矿、绿帘石、磁铁矿等矿物[160]。凹凸棒石的矿物组成随着矿石的类型不同会有很大的变化范围。这些杂质的存在削弱了凹凸棒石整体的物理化学性能，因此，凹凸棒石的胶体性、吸附性等特性在工业应用中受到很大的影响。

凹凸棒石黏土是呈纤维状的硅酸盐黏土矿物，含有水镁（铝）链层状结构，多为纤维状（特别是纤维态）、块状和微细颗粒状，且容易破碎。

凹凸棒石矿物的生成条件如下：高碱度（pH≈8.5）；盐度、湿度和介质（SiO_2、Al_2O_3、MgO 三种组分比例）适当[161]。凹凸棒石相对密度 1.6，大多数呈现青灰、灰白色，油脂光亮，莫氏硬度 2～3，具有显黏性、可塑性，且在潮湿情况时不易分散；吸水性较强，可达到 150%；干燥收缩小，且不发生龟裂；晶体内部孔道多，比表面积大，可达到 $500m^2/g$[162]。

4.1.2　晶体结构

凹凸棒石的晶体结构 001 方向的投影图[163]如图 4-1 所示，属于 2:1 型黏土矿物，由两层硅氧四面体和一层铝氧八面体构成，其标准化学式为 $Mg_5Si_8O_{20}(HO)_2(OH_2)_4 \cdot 4H_2O$[164]。但是实际情况中，凹凸棒石晶体结构中的 Mg^{2+} 会被较多的 Al^{3+}、Fe^{3+} 所取代，化学成分主要为 SiO_2、MgO 和 Al_2O_3，其中也含有 Fe_2O_3、MnO 和 TiO_2 等一定量的杂质。其理想分子式为 $(Mg, Al, Fe)_5Si_8O_{20}(HO)_2(OH_2)_4 \cdot$

$4H_2O$，所包含的理论化学成分 SiO_2、$(Mg，Al，Fe)O$ 和 H_2O 的含量分别为 56.96%、23.83% 和 19.21%[165]。在每一个 2:1 单元结构层中，四面体晶片角顶隔一定的距离方向倒置，形成平行于 X 轴的链条和通道[163]，如图 4-2 所示。其中包括四面体片和八面体片，O'、OH'、H_2O' 和 O、OH、H_2O 分别属于该投影八面体的底部三角形和顶部三角形。在每个四面体条带间形成的通道横截面约为 $3.7\text{Å} \times 6.3\text{Å}$（$1\text{Å} = 10^{-10}$ m），比沸石孔径（$2.9 \sim 3.5\text{Å}$）要大一些，且与链平行。通道中充填的水为沸石水和结晶水。晶体形状有棒状、针状、纤维状几种，纤维状晶体的轴向长度大约在 $0.5 \sim 1\mu m$ 之间，长度、直径比为 20:1，有的纤维长度可达到 1cm 以上。凹凸棒石的内表面积和外表面积大约为 $600\text{m}^2/\text{g}$ 和 $300\text{m}^2/\text{g}$[166]。

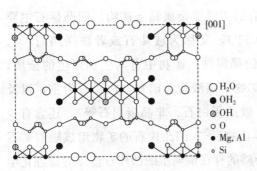

图 4-1　凹凸棒石晶体结构 001 方向的投影图

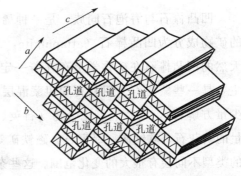

图 4-2　凹凸棒石晶体结构模型

4.1.3　特性及应用

（1）吸附性及应用

凹凸棒石具有的纳米级孔道及细小的晶体尺寸赋予其很高的内外比表面积。与此同时，凹凸棒石有着较好的吸附性能，且其吸附能力的大小主要由比表面积的大小决定。物理吸附的实质是吸附质分子通过范德华力的作用吸附在凹凸棒石的内外表面上。而凹凸棒石的化学吸附则是通过分子间的化学键产生作用，并取决于其独特的表面物理化学结构和离子状态，从而与凹凸棒石的表面形成吸附中心[167]。

凹凸棒石可以作为脱色剂使用。比如，Presnall S H 等[168]研究发现，凹凸棒石黏土吸附剂对油脂（植物油等）的脱色有着较好的效果，不仅可以提高油脂的使用质量，而且可以提高其贮存和运输能力。K. Boki 等[169]分别以 $13\% \sim 53\%$ 和

93％～97％的漂白率对油菜籽油和大豆油进行漂白发现，凹凸棒石能比其他吸附剂更有效地漂白。刘元法等[170]在对凹凸棒石吸附剂应用于油脂脱色方向的研究中，考察了吸附温度、时间和吸附剂用量等反应因素对于吸附色素产生的影响。结果显示，在吸附脱色温度为110℃，脱色时间为30min，吸附剂添加量为油质量的1％时，表现出的脱色效果较为良好。沈彩萍等[171]对凹凸棒石先进行硫酸酸化处理，再用于棕榈油的脱色处理，脱色率能达到96.65％；若是选用表面活性剂对其进行处理，其脱色率则可达到99.7％。根据凹凸棒石黏土的性质及应用，发现其还可用于凡士林、煤油、燃料油、润滑油等油脂的脱色。

凹凸棒石还可以应用于废水的处理。周伟等[172]选用硫酸改性的凹凸棒石黏土吸附铜废水中铜离子，当酸浓度为1mol/L时，去除率达到85％左右。胡涛等[173]在对凹凸棒石黏土改性处理后处理含氟废水的研究结果中表明，处于酸性条件下，吸附时间为80min的时候，经热处理改性后的凹凸棒石黏土对氟离子浓度为100mg/L的废水进行去除，去除率为93.68％。而经过纯化改性的凹凸棒石黏土对其去除率可达到96.87％，要高于热改性处理的去除率。彭书传等[174]在对凹凸棒石在水中吸附亚甲基蓝进行的动力学研究中，认为凹凸棒石吸附亚甲基蓝是一个由化学吸附和液膜扩散共同控制的吸附过程。王瑛等[175]研究发现，在选用聚二甲基二烯丙基氯化铵（PDMDAAC）对凹凸棒石黏土改性处理后，其在污染较轻的水中对苯酚的吸附能力较强，吸附的去除率可达到89％，它表现出的静态吸附行为与Freundlich吸附等温方程是相符的。齐治国等[176]通过热活化结合微波的方法对凹凸棒石黏土进行有机改性，结果发现会显著提高吸附剂对苯酚的去除率，甚至能够达到99％以上。

凹凸棒石黏土作为吸附剂对有毒气体和放射性物质也有着极好的吸附作用，可用于防原子辐射和化学武器方面。唐方华[177]研究了200目的凹凸棒石黏土对^{137}Cs有着较好的吸附作用。宋金如等[178]对凹凸棒石黏土对铀的吸附性能实验结果表明，其对实验室含铀废水的除铀率可达到99.5％。王金明等[179,180]在对凹凸棒石吸附模拟核素Sr^{2+}、Cs$^+$进行了研究后发现，凹凸棒石吸附液对Cs$^+$的平衡吸附时间为10d左右，对Sr^{2+}的平衡吸附时间为14d左右，其吸附趋势随着温度的升高和pH值的增大逐渐增大。

为了提高凹凸棒石的吸附性能，一般要先对其进行活化处理再进行吸附。目前活化采用较多的方法是酸活化法，所用酸为硫酸、盐酸、硝酸以及有机酸等。活化的方法还有氧化处理法、还原处理法、混合盐处理法以及高温煅烧法等方法。凹凸棒石在对物质的吸附中还有选择性，通过研究发现其吸附时的选择性顺序为：水＞醇＞醛＞酮＞正构烯烃＞酯＞芳香族化合物＞环烷烃＞烷烃。

（2）流变性及应用

凹凸棒石晶体具有良好的解离和纤维状晶体结构，且与纤维轴平行，因而由于系统剪切力的作用，凹凸棒石在溶液中能够充分分散，转变为针状棒晶体，最终形成一种杂乱的纤维网络，从而具有很强的形成胶体的能力，是一种理想的无机凝胶材料。当凹凸棒石浓度适当时，可以建立一个适度的空间网络，因此该体系黏度增大，起到了增稠的作用。但当凹凸棒石浓度很低时，粒子之间的连接力就会减弱，无法体现出明显的增稠效果。相反，在浓度过高的情况下，由于凹凸棒石难以完全解离，使得黏度没有明显的变化。体系的黏度和所含凹凸棒石量的增加之间存在着指数关系，并渐渐趋向于稳定。在质量分数为7%时，其黏度可大于4000mPa·s。研究还发现：这种悬浮液会在相当低的浓度下产生高黏度的特性，并且具有非牛顿流体的一些特征，也就是说在较低的剪切力作用下或当剪切力消失时，悬浮液产生一种凝胶，其流动性会随着剪切力的增加而迅速增加。同时其胶体具有耐高温的特性，在250℃以下仍能保持其胶体性能。加热升温后随温度的升高胶体性能减弱，在350℃以上才基本失去胶体性能转变成吸附性能。此外，凹凸棒石胶体有着稳定的性能，电解质对其造成的影响也就相对较小，表现出来的现象为其抗盐电介质的絮凝效应显著，并且在盐水溶液中有着高度的悬浮稳定性。因此，凹凸棒石也广泛应用在石油钻井、保水材料、涂料、油墨等方面。

（3）催化性及应用

凹凸棒石具有较大的比表面积，较高的机械强度以及良好的热稳定性，其结构中经常存在非晶质微畴，这些非晶质微畴或无序畴存在的位置通常是最容易发生化学反应的[181]。

凹凸棒石独有的不规则的分子结构以及晶体中存在的晶格缺陷，使其有能力再次释放。因此，凹凸棒石拥有作为载体的功能，可以作为催化剂的载体使用，还可以作为缓释肥料和农药的载体。

荣峻峰等[182]在制备一个高效的球形催化剂时，选取凹凸棒石黏土微球作为MgCl$_2$/THF/TiCl$_4$的载体，并研究了其在制备过程中的规律和结构。研究结果表明，催化剂在合适的温度下其聚合活性会有所提高。但当温度过高的时候，凹凸棒石的结构会被破坏，聚合活性也会因此而降低；同时催化剂中的活性组分部分均匀地分布在凹凸棒石黏土的纳米级晶须上以及由晶须纤维搭成的孔隙中。陈天虎等[183]选用凹凸棒石作为载体，并通过钛酸四丁酯水解低温煅烧程序操作

（钛酸四丁酯-丙醇溶液浸渍—过滤—丙醇蒸发-水蒸气等），成功获得凹凸棒石-TiO_2 纳米复合光催化材料。梁敏等[184]通过溶胶凝胶法的合成方法，选用凹凸棒石作为载体，合成凹凸棒石负载型 TiO_2 光催化剂，并利用 $SnO_2 \cdot nH_2O$ 以对凹凸棒石-TiO_2 光催化剂进行改性，以获得各组分的最佳比例。凹凸棒石可以作为缓释肥料和农药的载体起到催化作用，可增加肥料和农药的缓释性，并且充分提高了养分利用率。选取经过有机改性处理后的凹凸棒石黏土作为载体与黏结剂混合，不仅可以大大地降低返料程度，而且还能够有效地控制养分的释放，从而明显地使复混肥的养分缓释[167]。

（4）离子交换性及应用

凹凸棒石的晶体结构中各种离子的替代作用会导致凹凸棒石表面的负电荷过剩，比如硅氧四面体中的 Si^{4+} 可以由 Al^{3+} 替代，或者由其他低价阳离子替代高价阳离子。同时过剩的负电荷也会使凹凸棒石黏土拥有一定程度上的阳离子交换量[185]。

凹凸棒石黏土的类质同象置换作用在其形成的过程中，会使它表面呈现出负电性，由此也具有交换吸附阳离子的能力。在一定 pH 值下矿物能够吸附交换性阳离子的总量称为阳离子交换量（CEC），也代表了矿物所携带的负电荷总量[186]。测试方法和不同产地凹凸棒石黏土矿物组成的不同使得所测 CEC 值存在差异。总的来说，凹凸棒石黏土的 CEC 值一般在 $25 \sim 50mmol/100g$。

（5）补强性能及应用

凹凸棒石是一种天然的一维纳米材料，外形呈纤维状，具有管状结构，其长度约 $500 \sim 5000nm$，直径为 $30 \sim 100nm$。其表面上有着结构残基、表面羟基以及 Lewis 酸和 Brønsted 酸性位点，它们以极性吸附等形式与有机物相互作用，并且可以与聚合物在微米填充和纳米增强的两个水平上进行复合[187]。

采用乳液共凝法的方法来制备凹凸棒石/天然橡胶复合材料的过程中，通过对凹凸棒石选用铵盐改性剂进行有机化改性之后，再加入天然橡胶中，使得凹凸棒石能够均匀地分散在橡胶基体中。其拉伸强度、撕裂强度和 Shore A 型硬度与天然的硫化胶相比分别提高了 175.4%、95.9% 和 104.2%[181]。彭书传[188]在选用 KH-590 改性剂对凹凸棒石进行改性后，在相同的实验条件和配方下，其对橡胶有着较为良好的填充效果，增强性能较陶土和轻钙要好。王益庆等[189]将凹凸棒石黏土通过机械共混法加入丁腈橡胶和羧基丁腈橡胶中，结果显示，凹凸棒石黏土在其中都达到了纳米级分散，用偶联剂 Si-69 改性后与丁腈橡胶混合，取得了良好的增强效果，可以达到 N330 炭黑增强的水平。曲成东等[187]选用共混共凝法制备凹凸棒石黏土/丁苯橡胶复合材料，其物理性能较为良好，经过改性后的凹凸棒石黏土，增强效果会得到提高，分散性也得到一定程度的改善。

改性后的凹凸棒石黏土与聚烯烃制成的凹凸棒石/聚烯烃复合材料，具有较好的力学性能、结晶能力、加工性能。钱运华等[190]在用 KH-590 对凹凸棒石改性后，制成聚丙烯/凹凸棒石复合材料，改善了力学性能，并且比传统使用的 $CaCO_3$ 填充 PP 复合材料要好，具有显著的补强作用。戴兰宏[191]对凹凸棒石增强聚丙烯复合材料的断裂韧性的研究结果表明，当凹凸棒石的质量分数为 2%～3% 时，复合材料的增韧效果达到最好。王平华等[192]使用超声分散法制备了一种 123 型低密度聚乙烯/凹凸棒石黏土复合材料，这种材料的拉伸性能得到一定程度的提高，但是冲击强度却下降；凹凸棒石也能显著提高聚丙烯材料的结晶速率。田明等[193]对 EOC/ATP（乙烯-辛烯共聚物/凹凸棒石）复合材料的制备、结构与性能的研究中发现，当 ATP 用量较少时，复合材料的 100% 拉伸模量和拉伸强度相对提高，但当用量较高时，复合材料的某些性能就会下降。

（6）黏结性能及应用

凹凸棒石由于其独特的纳米棒状结构，在分散相中能够形成一个三维的网络结构。其悬浮液稳定性好，黏度高，因此被广泛用作黏结剂。由于凹凸棒石黏土在介质中呈现惰性，且不与分子筛发生反应，还可减少分子筛的磨耗，因此可作为分子筛黏结剂，并可以改善其外观和提高强度等；由于其黏结力较好，可以用作颗粒饲料的黏结剂，既可大幅度降低饲料生产成本，又可提高饲料的利用率；用作复合肥的黏结剂时，其造粒成型率和强度均有所改善，且保肥时间长；作为煤球黏结剂，可以对其黏结力和强度进行改善，煤球固定碳含量也会随之提高，从而减少粉尘污染等。

（7）胶体性能及应用

凹凸棒石是一种理想的无机胶凝材料，主要是由于其独特的三维结构以及沿 Si—O—Si 平行的面开裂成不寻常的针状颗粒，这些颗粒在系统剪切力的作用下使得凹凸棒石黏土分散良好，且在分散的过程中针状结晶束离解成不规则的晶格结构，具有较好的流变性和独特的胶体性能[167]。

凹凸棒石同样也在涂料、钻井液材料、高黏剂等方面有着非常重要的应用。凹凸棒石黏土在涂料行业中主要是作为增稠剂，它能够非常有效地调整涂料黏度，并大大改善涂料的其他性能。凹凸棒石黏土作为钻井泥浆也有着许多优点，比如分散性及流变性好、封闭性好、造浆率高、抗盐碱、耐高温、性能稳定、防止井塌等。凹凸棒石在经过处理后制成高黏凹凸棒石黏土,其分散性能、悬浮性能、黏度都要比普通的高黏剂高,而且稳定性也会更好,不易被电解质絮凝,可用于油基铸造型砂、砂糖精制、铝矾土颗粒、分子筛及润肤化妆品等中。

近年来,其应用范围已经扩大到建材和装饰材料上,如聚丙烯板材、聚酯树脂地板及混凝土等。

4.2　膨润土

4.2.1　基本性质

膨润土(bentonite)一般呈现白色,主要的成分为蒙脱石,主要矿物成分是二八面体蒙脱石-贝得石系列矿物。膨润土也叫膨润岩或斑脱岩、膨土岩,是一种黏土岩——蒙脱石黏土岩[194]。

蒙脱石作为膨润土中主要矿物成分,其基本性质有以下三点:

(1) 蒙脱石中的水分

蒙脱石矿物中所存在的水分有三种:

① 表层的液态自由水　当温度稍微高于室温的时候,表层的液态自由水就会全部蒸发。

② 层间吸附水　层间吸附水是位于晶层底面的取向排列的偶极水和交换性阳离子吸附的阳离子水化膜,在室温下就可以逸出一部分,若想要基本脱净需要在300℃左右时才能实现。这种水的密度、黏度比普通的液态自由水要大一些,一般会局限在距离蒙脱石颗粒表面0.8~2.0 nm的范围内(厚度相当于3~10个水分子)。

③ 结构水　结构水是参与构成蒙脱石晶格的水。一般来说,500℃以上晶格水的脱出较多,800℃左右的时候,晶格水会基本脱干,脱水温度不同的原因是蒙脱石构成的不同[195]。

(2) 蒙脱石的膨胀性

当蒙脱石吸附水或者有机物时会发生膨胀,晶层底面之间的距离(c_0)也会随之加大。在自然界中，当稳定形式下蒙脱石的单位化学式中存在 $2H_2O$ 时，$c_0 = 1.24nm$；当存在 $4H_2O$ 时，$c_0 = 1.54nm$。对比 $2H_2O$ 和 $4H_2O$ 的 c_0 值发现，在高水化状态下 c_0 可达 $1.84 \sim 2.14nm$，若是在吸附有机分子的状态下，c_0 最大可以达到 $4.8nm$ 左右。蒙脱石的吸附性能主要由其阳离子的交换能力决定[196]。

（3）悬浮性

在水溶液中，蒙脱石能够分散开来，呈现胶体状态。蒙脱石的物理化学性质主要受分散颗粒的大小和形态影响。水溶液中的蒙脱石有可能是单一或多晶胞的聚合体。由于许多正电荷和负电荷的共同体存在于蒙脱石表面，且其表面晶体颗粒是不规则的，从而导致了吸附聚合形式也有所不同。这其中包括了以下几种聚集体：平行晶层间叠放形成的面-面型（聚凝）、晶体层与端面形成的面-端型以及晶体端面之间形成的端-端型（絮凝），还有包含以上两种形式所形成的聚集体。将大量的金属阳离子（特别是高价态阳离子）加入水溶液中，会大幅度降低蒙脱石表面的电动电位，进一步产生面-面型（聚凝）聚集，若水溶液呈碱性则这一聚集会更容易发生。分散相由于聚集状态的出现，其表面积及分散度随之减小。当分散液的 pH<7 时，假设后添加的金属阳离子不会对分散液造成任何影响，蒙脱石晶体表面显正电性，并且会与晶层面组成面-端型（絮凝）聚集。而分散液 pH=7 时，晶体表面上没有双电层，形成的聚集是端-端型（絮凝）。由于在絮凝体的结构中存在着大量的水，当絮凝在浓度较高的分散液中均匀发展到整个体系时，就会变成凝胶。当聚集在浓度较低且不稳定的蒙脱石分散液中达到一定浓度的时候，粒度会不断增大，这时候由于重力的原因会导致溶液中产生沉淀。

4.2.2　晶体结构

蒙脱石的理论化学式为：$(Na, Ca)_{0.33}(Al, Mg)_2Si_4O_{10}(OH)_2 \cdot nH_2O$，属于单斜晶系矿物，其理论化学成分 SiO_2、Al_2O_3、H_2O 含量分别为 66.72%、28.53%、4.75%。由于蒙脱石是膨润土的主要成分，其种类和含量等特性都决定着膨润土的性质。蒙脱石是一种含水的层状铝硅酸盐矿物，对称型为 L2PC，$\beta \approx 90°$，$a_0 = 0.517nm$，$b_0 = 0.894nm$，$c_0 = 1.52nm$。硬度为 $1 \sim 2$，密度为 $2 \sim 3g/cm^3$，熔点为 $1330 \sim 1430℃$[197]。蒙脱石有三层结构，也就是由两层硅氧四面体片（T）和铝氧八面体片（O）组合，T、O 这两种基本单元通常表现出的是一个 TOT 层结构，是典型的 2:1 型层状硅酸盐矿物。Si-O 四面体片是类似于六边形网状的

Si-O 片，由位于同一个平面上的 Si-O 四面体中的三个顶点氧原子与其相近的 Si-O 四面体共同连接而形成。Al（Mg)-O-OH 八面体片中含有两个羟基，其中 Al 和 Mg 是彼此的顶点，且与 Si-O 四面体中的氧原子处于同一个平面。这些原子构成了六配位的 Al（Mg)-O-OH 八面体，在与邻近的中心原子结合后，组成了 Al（Mg)-O-OH 八面体片。蒙脱石的晶体结构[198]如图 4-3 所示。

在八面体中通常用 Mg^{2+}、Fe^{2+}、Fe^{3+} 等阳离子对 Al^{3+} 进行类质同象置换，而且在四面体中也有一部分的 Si^{4+} 会被 Al^{3+} 所取代，这就意味着蒙脱石中由于低价态的阳离子取代高价态的阳离子之后，会使其整个结构呈现出电负性，从而使其有能力吸引阳离子，但是这些阳离子与晶体之间的相互作用不稳定，很容易被其他低价态的阳离

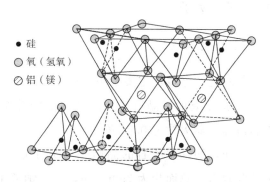

● 硅
◯ 氧（氢氧）
⊘ 铝（镁）

图 4-3　蒙脱石的晶体结构

子置换。这些离子之间的相互交换作用主要发生在晶层之间，因此并不会影响到蒙脱石的结构，但是不同的层间阳离子，对蒙脱石的物理化学性能却有着较大的影响。多余的阴离子通过晶格层面间吸附的阳离子提供，如 Na^+、K^+、Ca^{2+}、Mg^{2+} 等。根据晶格层面之间阳离子的分类及其相对含量，将自然界中的蒙脱石分为几种类型：钠基蒙脱石、钙基蒙脱石、镁基蒙脱石、氢基蒙脱石和锂基蒙脱石等。钠基膨润土的晶格层面之间的阳离子为钠离子，钙基膨润土的晶格层面之间的阳离子为钙离子，这两种膨润土又称碱性膨润土或非膨胀性膨润土。氢基膨润土（即活性白土）的晶格层面间阳离子为氢离子，有机膨润土的晶格层面间阳离子为有机离子。

4.2.3　特性及应用

膨润土由于其独特的晶体结构与特性，在吸附、吸收、催化、聚集、晶格置换以及离子交换等方面都有着非常良好的性能。

（1）晶格置换

蒙脱石有一个很重要的构造特征：不同价态的阳离子在晶格内可以相互置换。蒙脱石晶格内部的硅氧四面体和铝氧八面体中的硅铝离子可以被铁离子、锰

离子、锌离子、锂离子等所置换，产生的结果主要有以下几个方面：

① 不同离子间进行交换，交换的位置和量的不同构成了一系列不同复杂形式的化学成分。

② 晶格层面间由于离子置换形成了负电荷，化学键也随之发生改变。电荷差导致晶片内和晶格层面内的化学键更偏向于离子键，使整个晶体层呈负电性，能够吸附阳离子[199]。

（2） 电负性

蒙脱石的电负性主要来源于以下几个方面[195]：

① 最主要的是晶格置换以及内部的补偿置换所形成的晶格静电荷。每个晶胞晶格静电荷大约为 0.66 静电单位。这一类电荷密度与其所在介质的酸碱度无关。例如，钠基蒙脱石的晶胞相对分子质量约为 734，每摩尔有 1mol 个晶胞，钠基蒙脱石的总面积为 $750m^2/g$，每个钠离子所占的表面积约为 $1.38nm^3$，每平方厘米的晶体表面上电荷量为 3.5×10^4 静电单位（$11.7\mu C$）。

② 在受到外力的作用下也会造成蒙脱石晶格之间的键断裂，从而产生电负性。蒙脱石的硅氧键和铝氧键在水溶液中发生断裂，端面键遭到破坏。在 pH>7 的溶液中，由于断裂的化学键能够吸附氢氧根，所以端面带负电荷；在 pH<7 的溶液中，化学键断裂后能吸附氢离子，所以导致端面带正电荷；而在中性介质端面则不显电性。

③ 八面体结构电离后会产生负电荷。也就是说，蒙脱石的八面体结构中铝离子和氢氧根会被电离，然后剩余一些负电荷。在 pH>7 的溶液中，铝离子的电离起决定作用，因此产生的是负电荷；而在 pH<7 的溶液中，氢氧根电离起着决定作用，所以产生了正电荷。在 pH=9.1 的溶液中，溶液呈中性，虽然蒙脱石的端面电荷量不高，而且在总电荷中只占一小部分的比例，但它对蒙脱石的许多特性却有着很大的影响，比如胶体性质和流变性能等。

（3） 离子交换性能

蒙脱石晶层之间吸附的离子是可以与溶液中的离子进行交换的，例如：

$$Na 蒙脱石 + NH_4^+ \longrightarrow NH_4 蒙脱石 + Na^+$$

离子交换是一种化学计量反应，是电性相同的离子之间等电量的交换作用，遵循质量守恒定律。交换和吸附都是可逆反应。此外，极细无机物由于蒙脱石边缘键的断裂而被吸附，也具有一定的交换能力。

蒙脱石中离子交换主要是以阳离子交换为主。阳离子交换量是衡量离子交换能力的一个重要指标，是指在 pH＝7 时，蒙脱石能够吸附的交换阳离子总量，以每 100g 膨润土吸附的金属阳离子质量（mg）表示。自然界中，蒙脱石在 pH＝7 的水溶液中金属阳离子交换量（CEC）的范围在 0.7～1.4mmol/g，如果换算成晶胞就是每个晶胞负载 0.4～1.2 个静电荷。另外，在蒙脱石晶体端面吸附的阳离子之间也可以进行交换，而且粒度越小，交换能力相对就越高，进行交换就越容易。但是这一部分在总交换量中占的比例微乎其微。影响离子交换量大小的因素主要有以下几个方面：

① 蒙脱石在溶液中的质量浓度越高，离子交换能力就越高。

② 离子之间的结合能力越高，或者是电离率越高的情况下，交换能力就越高。

③ 在 pH＞7 的溶液中，由于受到 OH⁻ 的影响，交换能力要比 pH＝7 的溶液交换能力高。这主要与蒙脱石端面电荷以及蒙脱石在溶液中溶解程度有关。

④ 当交换离子为铝离子、氧化铁、水化状态下的氧化亚铁和部分硫化物时，金属阳离子的交换能力就会下降。

⑤ 经研磨后的蒙脱石粒度越小，端面离子键破坏就越大，从而增加了金属阳离子交换能。但是随着研磨时间的不断增加，晶格就有可能破损，从而直接影响了离子交换，甚至使交换消失，成为无定形凝胶状物质。

⑥ 温度也是影响交换量的一个因素。扩散系数会在合适的温度下增加，从而提高离子交换能力。若是温度过高也可能会导致蒙脱石的溶解度增加，离子交换量降低。鉴于此情况，在工业生产中要选择合适的温度进行离子交换。

膨润土的各类矿物性质决定了其在多个方面都具有重要的应用。

（1）在铸造型砂、冶金球团和钻井泥浆方面的应用

膨润土也被称为万能黏土，我国有 30％以上的膨润土被用于以下三个领域：铸造型砂、冶金球团及钻井泥浆。

在机械铸造业中，膨润土经常被用作铸造型砂的黏结剂，用来提高铸件的精密度和光洁度。在冶金工业中，膨润土因其胶结性能较好的原因，被用作制备铁矿球团的黏结剂。若是选用加工成的球团矿直接炼铁，可节约 10％～15％的焦炭和熔剂，从而能提高高炉 40％～50％的生产能力。在石油工业中，膨润土常用于钻井泥浆，因为其具有很好的吸水性、黏结性和悬浮性，特别是钠基膨润土配制成的泥浆，其优点更为明显：造浆率高，稳定性强，失水量小，黏度好[200]。

（2）在化工和食品工业方面的应用

改性后的膨润土和胺处理后的有机膨润土在膨润土中属于高档产品，通常用

于油脂、油漆以及油墨等中作为增稠剂和防沉剂使用；还可以用于石油化工、橡胶和塑料工业生产中的填充剂、催化剂、沥青的乳化剂、干燥剂、洗涤剂、味精生产中的脱色澄清剂以及油脂的脱色剂等；牙膏和药膏中所用的黏合剂；化妆品以及医药行业等，是膨润土的一种新用途。

在改性膨润土用作油漆的增黏剂、防沉剂、高温润滑脂的稠化剂的研究结果中发现：改性膨润土用于油漆时，是一种良好的防沉剂，当其用于高温润滑脂时，是较理想的增稠剂。南京大学等有关机构继美国、日本之后尝试制备可作为洗涤剂的 4 A 分子筛获得成功。4 A 分子筛主要用于替代合成洗涤剂中作为助洗剂的三聚磷酸钠，以防止水体受到污染。长春防锈材料研究所利用国内膨润土成功生产了 M-83 型干燥剂，其产品质量符合国外同类产品的技术要求，价格也比硅胶便宜很多，而且生产工艺简单，原料来源广泛，产品已开始打入国际市场。

酸活化后的膨润土传统上最主要的用途就是油脂脱色。随着人们生活水平的不断提高，脱色食用油的需求量将会增加，对脱色用酸化膨润土的需求也将越来越大。膨润土在化妆品和医药行业的使用在国外有很多的相关专利。将糊状蒙脱石加入抗生素中可以提高其稳定性。蒙脱石黏土对尼古丁、吗啡、可卡因、马钱子碱的毒性具有一定的解毒作用。在一些化妆品中测试了蒙脱石黏土凝胶（JDF），效果较好。在洗发水中加入优质的改性膨润土后，又为其应用发现了新的方向。这种洗发水对一些慢性皮炎和皮肤瘙痒症具有一定的治疗作用，有着洗涤、护发双重作用。在纺织行业中也用膨润土代替工业用粮，制作浆料和浆纱，其印染具有优质、成本低等特点。

（3）在水净化、环保及原子能核废物处理方面的应用

近年来，我国开始在国防工业中使用改性膨润土作为吸毒解毒剂、重金属废水处理剂、硬水净化剂、核废物吸附剂及有机物吸附剂等。膨润土的这些应用有着非常重要的意义，时刻保护人类赖以生存的自然环境。

若在处理含铬、含磷废水时，将膨润土和一定比例的镁、铝等的化合物进行混合后，再进行焙烧活化，由此制备成三种弱碱性阴离子交换吸附剂。此吸附剂对废水经过一次或多次处理后，出水水质均可达到国家标准。

核废物处置的目的是将核废物与人类环境相隔离，保护人类免受放射性的危害。目前，安全处置核废物公认的方法是具多重屏障（包括回填材料和围岩等）的地质处置。我国于 1986 年开始进行这方面的系统研究工作，为此，原核工业部地质研究所进行了大量的试验研究工作，即将膨润土用作回填材料，使其吸附放射性核素。

（4）在建筑方面的应用

膨润土作为水泥添加剂，加入 10%～20% 膨润土到水泥中可以提高水泥的强度和硬度；生产建筑内墙水性涂料时，膨润土可以增加涂料的耐水性和耐擦洗性，并且降低了成本。膨润土用于外墙涂料时，不仅减少了 PVA 用量，而且改善了涂料的性能。用 8%～13% 膨润土、17%～32% 膨胀珍珠岩和 50%～70% 水，搅拌均匀混合成黏稠而有泡沫的泥浆，然后使其成型、干燥锻烧成具有很好绝热性能的泡沫绝热材料。钠基膨润土用于轻质建材时，降低了轻质建材的密度，同时增加了其强度，对高楼层建筑具有非常重大的意义，并为膨润土的利用开辟了一个新领域。

（5）在农业方面的应用

在农业方面主要应用于土壤改良、家畜饲料添加剂及农药载体等。将膨润土与化肥混合后可以固氨，并对肥料起到缓冲作用，改良砂质土壤，提高土壤水分保持能力。用膨润土与农药混合施用可使农药毒性分散更均匀，以提高药效。在动物饲料中添加膨润土有助于动物的生长和发育，提高其抗病能力。

（6）在其他方面的应用

如今膨润土中的高档开发产品不断问世，例如新型高效电池和灭火剂等。在制作干电池的过程中，将 50%～60% 的面粉和淀粉用膨润土替代。由此方法制备的干电池技术指标已达到了国家标准，膨润土的替代可使电池制造业节省大量粮食，同时减少能源消耗和制造成本。除此之外，当森林火灾发生时，喷射膨润土悬浮液，可在较短时间内扑灭大范围的林火。

4.3　高岭土

4.3.1　基本性质

高岭土是一种重要的非金属矿物，在高岭土的化学成分中，含量最高的是 Al_2O_3 和 SiO_2，还有少量的 MnO_2、TiO_2、Fe_2O_3 等，以及微量的 Na_2O、K_2O、

CaO 和 MgO 等化学成分。高岭土主要的构成部分为小于 $2\mu m$ 的微小片状或管状高岭石簇矿物（包括高岭石、珍珠岩、埃洛石、地开石等)[201]。高岭石的化学式为 $Al_2O_3 \cdot 2SiO_2 \cdot 2H_2O$ 或 $Al_4Si_4O_{10}(OH)_8$。理论上高岭石的化学成分应为：46.54% 的二氧化硅（SiO_2），39.5% 的三氧化二铝（Al_2O_3）和 13.96% 的水（H_2O)[202]。

黏土矿的主要成分是高岭石、多水高岭石以及石英、云母、长石等其他矿物，此外还有水母石、珍珠陶土等。非黏土矿主要包括石英、云母、长石，还有少量的重矿物质以及部分自生次生的矿物质[203]。高岭土就主要由这两种组分组成。

4.3.2 晶体结构

高岭石是一种 1:1 型的层状硅酸盐矿物，即其晶体结构是由一层铝氧八面体和一层硅氧四面体通过共同的氧构成了一个基本单元，在这一基本单元中，铝氧八面体的边缘是氢氧基团，而硅氧四面体的边缘是氧原子，各单元层之间通过氢键相互连接[204]。在其连接面上，$Al(O,OH)$ 八面体层中有 4 个氧原子被羟基所取代，也可以说是 3 个（OH）中有 2 个（OH）的位置被 O 取代，内外的羟基比为 1:3，也就使得每个 Al 的周围都有 4 个（OH）和 2 个 O。Al 占满了八面体空隙中的 2/3。高岭石的晶体结构[205]如图 4-4 所示。

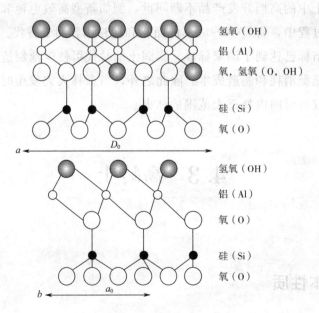

图 4-4 高岭石的晶体结构
a，b—晶层沿 a、b 轴上的投影

4.3.3 特性及应用

高岭土在水中容易分散，吸水性也较强。纯度高的高岭土白度较高，最高可达 95%，质地柔软（硬度约为 1～3.5），密度为 2.56～2.60g/cm³，熔点在 1785℃左右。另外，高岭土还有良好的电绝缘性、可塑性和黏结性。高岭土还有着稳定的化学性质，抗酸碱性、离子吸附性和耐火性强，但是其阳离子的交换能力弱。

高岭土被广泛应用于各行业中：

（1）高岭土在陶瓷工业中的应用

高岭土是陶瓷生产过程中的一种重要原料。SiO_2 和 Al_2O_3 是瓷坯的主要化学成分，而其中的 Al_2O_3 主要来自高岭土。此外，还含有一些微量的杂质如 CaO、MgO、Na_2O、K_2O 等，这些化学成分可以作为助熔剂发挥作用，促进不同物相的结晶，因此可以提高陶瓷产品的强度。适当增加 Al_2O_3 的含量，会扩大产品的烧成温度范围，这是因为增加了 Al_2O_3 含量会提高产品的烧成温度，从而提高产品的机械强度，并使其具有良好的热稳定性。高岭土的可塑性和黏结性，是陶瓷成型的必备条件，根据生产经验发现高岭土的颗粒越细，其可塑性就越强。

（2）高岭土在造纸工业中的应用

高岭土在造纸工业主要有两个方面的用途：填料或涂布颜料。当高岭土用于填料时，可以提高纸张的不透明度和白度，增加纸张的平滑度及柔软性，降低纸张遇水后的变形度。涂料纸是由原纸和涂层两部分组成，将颜料、胶黏剂和添加剂按一定比例配成涂料之后，再用于纸张的涂布加工中，可以大大改善纸张的表面性能，使得纸张表面平滑度和光泽度变高。此外，还能提高纸张的不透明度和耐水耐油性，改善其油墨吸收性，使其适应于各种印刷中。总之，在造纸工业中应用高岭土可以提高纸张的性能，并且降低成本。此外，用于造纸的高岭土需要具有较高的白度，一般不低于 85%。同时 Al_2O_3 的含量也对纸张质量有影响，总的来说，增加 Al_2O_3 的含量可以提高纸张的柔韧性和光泽度，而 SiO_2 含量的增加则会导致纸张质量下降。

煅烧高岭土用于造纸主要的作用是代替二氧化钛颜料，因此可以降低造纸成本，可将其分为完全煅烧土和不完全煅烧土。完全煅烧土的烧成温度为 1000～

1050℃，多用于涂布颜料。不完全煅烧土烧成温度较完全煅烧土较低，约为650～700℃，主要用于填料。由于煅烧高岭土具有较高的白度和良好的光散射性能，可以提高纸张的不透明度、白度和印刷适性[206]。煅烧高岭土用于涂布颜料中有着良好的性能，煅烧土中存在的多孔膨体结构会改善涂层厚度，使得涂料纸涂层空隙体积增加，并且增强了其弹性。由于煅烧土的比表面积大，纸张表面的平滑度也会得到一定程度的提高。通过改善光学性能有助于提高纸张的不透明度，并减少压光时产生的亮度损失。煅烧土还可以改善纸张油墨透印性和吸收性，使其保持优良的印刷光泽。

（3）高岭土在耐火材料中的应用

高岭土在耐火材料的生产中也有着非常重要的应用，在冶金和玻璃工业中，高岭土可用以制备各种高温作业的砌体，优质高岭土可用于制作高温耐火材料、各种高级有机玻璃、光学玻璃和水晶玻璃等。

（4）高岭土在橡塑工业中的应用

橡塑工业中对高岭土的质量要求如下：$Cu \leqslant 0.005\%$，$Mn \leqslant 0.01\%$，$SiO_2/Al_2O_3 \leqslant 1.8$，白度$\geqslant 65\%$。

在橡胶工业中选用高岭土作填料，不仅能够降低生产成本，而且还可以改善橡胶的力学性能和化学性能，增强产品的机械强度和耐磨性，并调整流变性和硫化性；也可以延长橡胶的硬化时间，提高使用的年限。如果用煅烧高岭土，则效果会更为明显。同时高岭土也在塑料工业中被作为廉价的填料使用，起到的作用是调节表面的坚固性和粗糙度，减少热裂和收缩，提高尺寸的精确度与其化学稳定性等。在工业生产中，如果将煅烧后的高岭土用于塑料，它还可以吸附塑料中的导电离子，并提高塑料产品的电绝缘性。

4.4 伊利石

4.4.1 基本性质

伊利石黏土（岩）是一种分布最为广泛的黏土矿物，富含钾且具有层状结构的硅酸盐云母类，因此也称为水白云母。天然伊利石通常与高岭石、石英和长石伴生。纯净的伊利石是白色的，由于所含杂质不同伊利石会呈现出不同的颜色。伊利石轻白细软、有滑感；比表面积大（约为 1：40）；密度为 2.12～2.66g/cm³；熔点和比热容高；化学惰性、电导率和热导率低。

4.4.2 晶体结构

在对伊利石开发利用时，对其化学式简写为 KAl₂[(Al，Si)Si₃O₁₀](OH)₂·nH₂O。伊利石矿中 Al₂O₃ 一般为 30%～35%，K₂O 含量一般为 6%～9%，H₂O 约为 7.5%。由于伊利石的结构成分与水云母、白云母的结构成分都比较相似，因此，主要通过研究矿石中含有的层间水和硅铝比例是否大于 3：1 来区分伊利石。

伊利石是一种 2：1 型的二八面体矿物（即 TOT），也就是每个晶层的两端都是硅氧四面体层（用 T 表示），中间夹着一个铝氧八面体层（用 O 表示），如图 4-5 所示[198]。伊利石属于单斜晶系，硅氧四面体中大约有 1/6 的 Si⁴⁺ 被 Al³⁺ 所取代，导致整体呈负电性[207]。伊利石属于云母族矿物中的一种，呈胶体分散状，含水量较大，容易释钾。

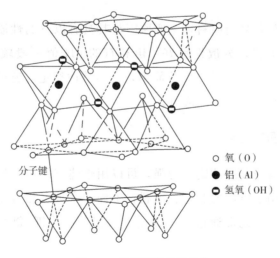

图 4-5 伊利石的晶体结构

4.4.3 特性及应用

伊利石黏土矿层间结构独特；铝和钾含量高；比表面积大；粒径较小。由于其具有较好的吸附性、离子交换性、耐热性，不具有膨胀性和可塑性等性质，在工业和农业领域中广泛应用。随着对伊利石的不断研究，我国对伊利石的开发利用技术也不断提高，如今已被广泛应用于水泥、陶瓷、造纸、化妆品、橡胶、塑料、涂料、污染处理、农业、牧业等领域，对其应用也在不断研究改进。

（1）在陶瓷制品中用作配料

伊利石矿物中铝的含量较高，在制作陶瓷时可以提高陶瓷产品的强度。伊利石还含有较高比例的氧化钾，制备电瓷等产品的过程中，可以降低烧成温度，且色泽晶润。若在陶瓷制品的釉面砖中加入含量约 5%～8% 的伊利石，则可使烧成温度比原工艺降低 20～30℃，做到节能。

（2）在造纸工业中用作涂料

伊利石质地柔软，颗粒微小，吸附性能强，可用作造纸过程中的涂料；由于伊利石和高岭土较为相似，也可替代高岭土用作刮刀涂布颜料。伊利石还可以用作薄型低定量纸的涂料，不透明且有较好的遮盖性，这样制作的纸张可两面印刷且不互相渗透。

（3）作化妆品用料

伊利石可用作化妆品的原料，主要原因是其具有以下的性质：无毒，质地细腻，无臭味，附着力强，分散性良好。伊利石的 pH 值一般较为接近人体皮肤 pH 值，即在 6～7 左右；其矿物成分简单，化学特性稳定，还可反射紫外线，耐酸、耐碱，不含有对人体有害的成分。

（4）其他方面的应用

由于伊利石附着力和耐冲刷能力强，可以用于建筑材料的生产。对伊利石进行活化处理后，可用于石油的脱色。伊利石中钾的含量也相对较高，可以作为化肥的原料进行添加，因此常通过一些物化方法将其制为钾-氮肥、钾-钙肥、钾-氯肥及氯化钾等。

伊利石在塑料工业中也常用作填料，因为伊利石的可塑性和不膨胀性可以增加聚丙烯等塑料制品的韧性和挠曲强度。

附 录

附录1 海泡石（JC/T 574—2006）

1.1 术语和定义

1.1.1 活性度

表明海泡石的活化程度。以每百克样品消耗 0.1mol/L 氢氧化钠标准溶液的体积（mL）来表示。

1.1.2 游离酸

海泡石黏土中以游离状态存在的酸，以 H_2SO_4 计，以％表示。

1.1.3 有害矿物

主要指斜纤维蛇纹石、角闪石、透闪石等有害矿物。

1.2 分类与标记

1.2.1 分类

（1）产品按用途分为钻井泥浆用海泡石、油脂脱色用海泡石和一般工业用海泡石三类。

（2）油脂脱色用海泡石根据脱色力分为Ⅰ类、Ⅱ类、Ⅲ类。

（3）一般工业用海泡石根据纤维长度分为一般工业用纤维状海泡石和一般工业用黏土状海泡石两种。按其质量分为Ⅰ类、Ⅱ类、Ⅲ类。纤维长度小于等于 0.250mm 为黏土状海泡石。按最大细度分为 0.250mm、0.150mm 和 0.075mm 三种规格，分别用 250、150、75 表示；纤维长度大于 0.250mm 为纤维状海泡石，按纤维长度分为 4mm、3mm 和 2mm 三种规格。

1.2.2 标记

产品按下列顺序标记：产品名称、类别、规格、本标准号。

示例：

（1）钻井泥浆用海泡石标记为：钻井泥浆用海泡石 JC/T 574—2006。

（2）油脂脱色用海泡石标记为：油脂脱色用海泡石Ⅱ类 JC/T 574—2006。

（3）一般工业用纤维状海泡石标记为：一般工业用纤维状海泡石Ⅱ类 3mm JC/T 574—2006。

1.3 技术要求

1.3.1 钻井泥浆用海泡石

钻井泥浆用海泡石的技术要求见附表 1-1。

附表 1-1 钻井泥浆用海泡石技术要求

悬浮体性能，黏度计 600r/min 的读数/mPa·s	≥	30
筛余量（孔径 0.125mm 筛）/%	≤	2.0
水分/%	≤	10.0

1.3.2 油脂脱色用海泡石

油脂脱色用海泡石的技术要求见附表 1-2。

附表 1-2 油脂脱色用海泡石技术要求

项目		Ⅰ类	Ⅱ类	Ⅲ类
脱色力	≥	300	220	115
活性度	≥	80.0		
游离酸（以 H_2SO_4 计）/%	≤	0.20		
筛余量（孔径 0.075mm）/%	≤	5.0		
水分/%	≤	10.0		
有害矿物含量/%	≤	3		

1.3.3 一般工业用海泡石

一般工业用海泡石的技术要求应符合附表 1-3、附表 1-4 的规定。

附表 1-3 一般工业用纤维状海泡石技术要求

项目			Ⅰ类			Ⅱ类			Ⅲ类		
规格			4mm	3mm	2mm	4mm	3mm	2mm	4mm	3mm	2mm
外观			呈白色，浅灰色，乳白色，浅黄色								
干式分级/%	+4.0mm	≥	5	—	—	5	—	—	5	—	—
	+3.0mm		40	30	—	40	30	—	40	30	—
	+2.0mm		60	50	30	60	50	30	60	50	30
	+1.0mm		80	60	50	80	50	60	80	60	60
	+0.25mm		90	85	80	90	85	80	90	85	80
	−0.25mm	≤	10	15	20	10	15	20	10	15	20

项目		Ⅰ类	Ⅱ类	Ⅲ类
海泡石含量/%	≥	75	65	55
水分/%	≤	3.0		
含砂量/%	≤	3.0		
烧失量/%	≤	24.00		
有害矿物含量/%	≤	3		

附表 1-4　一般工业用黏土状海泡石技术要求

项目	Ⅰ类			Ⅱ类			Ⅲ类		
规格	250	150	75	250	150	75	250	150	75
外观	呈白色，浅灰色，乳白色，浅黄色								
海泡石含量/% ≥	40			25			10		
孔径筛余量/% ≤	5.0								
水分/% ≤	3.0								
含砂量/% ≤	10.0								
烧失量/% ≤	24.00								
有害矿物含量/% ≤	3								

1.4　试验方法

1.4.1　外观检验

将样品放在洁净的白瓷盘内，观察其色泽进行判定。

1.4.2　化学成分及物理性能检验

（1）仪器及装置

a. 天平：感量 0.001g 和 0.0001g；

b. 高速搅拌机：承载状态下转速（11000±300）r/min，带有直径为 2.5cm 的单个波纹状叶轮；

c. 搅拌筒：高 180mm，顶端内径 97mm，底端内径 70mm；

d. 黏度计：直读式，读数在 0～300mPa·s 之间，转速为 600 r/min；

e. 分光光度计：波长 510nm，吸光度 0～1.5，1cm 比色杯，蒸馏水作参比；

f. 磁力搅拌器；

g. 烘箱：温度为 0～200℃；

h. 高温炉：温度可保持为（950±25）℃；

i. 标准筛：应符合 GB 6003《试验筛》；

j. 恒温水浴：温度在 95～100℃；

k. 水压表：表压可调至 700 kPa；

l. 电炉；

m. 中速定量滤纸；

n. 电动振筛机：应符合 GB 9909 有关规定；

o. 铝制托盘；

p. 坩埚；

q. X 射线衍射仪。

（2）试剂

a. 盐酸：0.5%（体积分数）。

b. 氯化钠饱和溶液：将约 40g 氯化钠加到 100mL 蒸馏水中，充分搅拌，并过滤。

c. 正辛醇：分析纯。

d. 中性磷酸盐。

e. 氢氧化钠：分析纯。

f. 氢氧化钠标准溶液：c（NaOH）＝0.1mol/L，按 GB/T 601 配制。

g. 氢氧化钠溶液：c（NaOH）＝0.03mol/L。

配制方法：称取 1.2g 氢氧化钠，溶于 100mL 水中，移入 1000mL 容量瓶中，稀释至刻度，摇匀。标定：精确称取于 105～110℃烘 1h 的基准苯二甲酸氢钾 0.1～0.2g，称准至 0.0001g。溶于 50mL 新煮沸过的冷水中，加 2～3 滴 1%酚酞指示剂，用 0.03mol/L 氢氧化钠标准溶液滴定溶液显微红色。氢氧化钠溶液浓度按式（1）计算。

$$氢氧化钠溶液浓度（mol/L）=\frac{M}{V \times 204.2} \tag{1}$$

式中　M——苯二甲酸氢钾的质量，g；

　　　V——滴定时消耗的氢氧化钠标准溶液的体积，L；

　　204.2——苯二甲酸氢钾的摩尔质量，g/mol。

h. 乙酸钠标准溶液：c（CH_3COONa）＝0.1mol/L。称取 136.08g 乙酸钠（$CH_3COONa \cdot 3H_2O$），称准至 0.001g，溶于 100mL 蒸馏水中，混匀。

i. 1%酚酞指示剂。

j. 标准土：脱色力 110。

注：可采用浙江省仇山标准土或湖北地质实验室生产的标准土。

k. 标准菜油：将市售菜油置于铝锅内，在电炉上加热（控制油温不要超过100℃）1h。在加热过程中，每隔 10min 左右加入适量海泡石，并不断用玻璃棒搅拌，过滤，将滤液摇匀，取出少许在分光光度计上比色。滤液的吸光度小于 0.80 为宜，再加入适量菜油混匀，使其吸光度为 0.80±0.01，此即为标准菜油介质，装入棕色磨口瓶中保存备用。

（3）试样及其制备

将按 1.5.2 条取得的试样倒在牛皮纸上，用翻滚法混匀（至少翻滚 15 次），用四分法分成两份，分别装入两个磨口瓶中，一份为备样，另一份为试验样，各个试验样量根据需求称取。称样时用牛角勺在瓶里搅匀。

（4）干式分级的测定

① 试验步骤　称取按（3）制备的试样 50g，精确到 0.001g，放入规定的标准筛内，开动电动振筛机连续筛摇 2min，筛完后将各层筛的筛余物放入称量瓶内分别称重。

② 结果计算　各层筛分百分含量（%）按式（2）计算，精确至小数点后两位。

$$各层筛分百分含量(\%)=\frac{m_i}{m}\times100 \qquad (2)$$

式中　m_i——各层筛余物质量，g；

m——试样质量，g。

同一试样应进行平行测定，平行样间之差不大于 3.0%，取其算术平均值为各层筛分百分含量的试验结果。

（5）筛余量测定

① 试验步骤　称取 20g 试样，精确到 0.001g，加到 350mL 含有 0.2g 中性磷酸盐的水中，在高速搅拌机上以（11000±300）r/min 的转速搅拌 2min。把试样倒入相应孔径的标准筛中，以压力 68.9kPa 的水流冲洗筛子上的试样 2min 左右，把筛余物冲洗到已知质量的蒸发皿中，在（105±3）℃的烘箱中烘干至恒重并称量。

② 结果计算　筛余量（%）按式（3）计算，精确至小数点后两位。

$$筛余量(\%)=\frac{m_1}{m}\times100 \qquad (3)$$

式中　m_1——筛余物质量，g；

m——试样质量，g。

同一试样应进行平行测定，取测定结果的算术平均值为最终结果。

（6）水分测定

① 试验步骤　称取 2g 试样，精确到 0.0001g，放入已干燥称量的称量瓶中，在 (105±3)℃的烘箱中烘 1～2h，取出放入干燥器中，冷却 30min，称量。再放入烘箱中烘 30min，按同样的方法冷却，称量至恒重。

② 结果计算　水分（％）按式（4）计算，精确至小数点后两位。

$$水分(\%) = \frac{m - m_2}{m} \times 100 \tag{4}$$

式中　m_2——干燥后试样质量，g；

　　　m——试样质量，g。

同一试样应进行平行测定，若平行样间之差不大于 0.5％，取其算术平均值为试验结果，否则重新进行测定。

(7) 悬浮体性能测定

a. 称取 20g 试样，精确到 0.001g，一边用玻璃棒搅拌，一边逐渐把试样加入 350mL 氯化钠饱和溶液中，然后用高速搅拌机在 (11000±300)r/min 的转速下搅拌 20min。把制成的悬浮体倒入适当的容器中，加入 2 滴正辛醇，并且用刮勺搅拌，把容器放到黏度计上，记录在 600 r/min 转速下黏度计刻度盘的读数。

b. 同一试样应进行平行测定，若平行测定读数之差不大于 4mPa·s，取其算术平均值为最终结果，否则应重新测定。

(8) 脱色力测定

① 试验步骤

a. 用移液管取 15mL 标准菜油，移入干燥比色管内，加入 0.0600～0.2000g 于 (150±3)℃下烘干 30min 的海泡石试样，加塞摇动，使试样均匀分散于散油介质中。

b. 将比色管置于温度 95～100℃的水浴中加热 1 h，每间隔 10min 取出摇动 1min。冷却后，用双层滤纸过滤于 50mL 的烧杯内。

c. 全部过滤完后，在分光光度计上比色，读取吸光度 A。

d. 分别精确称取 0g，0.030g，0.0500g，0.0700g，0.0900g，0.1100g，0.1500g 和 0.2000g 标准土，各按上述方法测定其脱色后的吸光度，绘制标准土的用量与吸光度相对应的标准土脱色曲线。在曲线上查出与试样吸光度 A 相对应的标准土质量。

② 结果计算　脱色力按式（5）计算，精确至整数位。

$$脱色力 = \frac{m_3}{m} \times T_0 \tag{5}$$

式中　m_3——与试样吸光度相对应的标准土质量，g；

　　　m——试样质量，g；

T_0——标准土的脱色力。

同一试样应进行平行测定，若平行测定结果之差不大于20，取其算术平均值为最终测定结果，否则应重新进行测定。

(9) 活性度测定

① 试验步骤

a. 称取20.00g试样，置于250mL带磨口塞的锥形瓶中。加100mL $c(CH_3COONa)=0.1mol/L$乙酸钠标准溶液，强烈振摇几次，加热至30℃，迅速置于磁力搅拌器上，搅拌15min取下，再强烈振摇几下，立即过滤于洁净干燥的锥形瓶中。用移液管取50mL滤液于另一锥形瓶中，加入三滴酚酞指示剂，用$c(NaOH)=0.1mol/L$氢氧化钠标准溶液滴定至溶液呈微红色，保持半分钟不消失为终点。

b. 按同样步骤以蒸馏水代替乙酸钠标准溶液做一空白试验。

② 结果计算

活性度按式（6）计算，精确至小数点后两位。

$$活性度(mL)=2(V_1-V_2)\frac{c(NaOH)}{0.1}\times\frac{100}{m} \tag{6}$$

式中　　V_1——样品消耗氢氧化钠标准溶液体积，mL；

$\qquad V_2$——空白试验消耗氢氧化钠标准溶液体积，mL；

$c(NaOH)$——标定的氢氧化钠标准溶液浓度，mol/L；

$\qquad m$——试样质量，g；

$\qquad 2$——取样倍率。

同一试样应进行平行测定，若平行样间之差不大于3.00，取其算术平均值为最终结果，否则应重新测定。

(10) 游离酸测定

① 试验步骤　称取1g试样，精准至0.0001g，置于150mL烧杯中，加水约50mL，加热煮沸3min。将其过滤于125mL带磨口塞的锥形瓶中，以热蒸馏水洗涤烧杯和带有滤纸的漏斗4～5次，再将滤液煮沸以除去CO_2，加盖盖严。冷却至室温后，加三滴酚酞指示液，用$c(NaOH)=0.03mol/L$氢氧化钠标准溶液滴定至溶液显微红色。

用蒸馏水按同样方法做一空白试验。

② 结果计算　游离酸含量（%）按式（7）计算，精确至小数点后三位。

$$游离酸(以H_2SO_4计，\%)=\frac{c(NaOH)(V_1-V_2)\times49\times10^{-3}}{m}\times100 \tag{7}$$

式中　$c(NaOH)$——标定的氢氧化钠标准溶液浓度，mol/L；

V_1——滴定试样消耗氢氧化钠标准溶液体积，mL；

V_2——空白试验消耗氢氧化钠标准溶液体积，mL；

m——试样质量，g；

$49×10^{-3}$——与 1.00mL 氢氧化钠标准滴定溶液 $[c(NaOH)=1.000mol/L]$ 相当的，以克表示的硫酸的质量。

同一试样应进行平行测定。若平行样间之差不大于 0.04%，取其算术平均值为最终结果，否则应重新测定。

(11) 含砂量的测定

① 试验步骤　称取试样 100g，放入铝制托盘中，注入清水，用玻璃棒搅拌后，慢慢将悬浮起的海泡石绒滤掉，反复数次，直至没有绒状物存在，然后放入 $(105±3)$℃烘箱中干燥，烘干称重。

② 结果计算　含砂量（%）按式（8）计算，精确至小数点后两位。

$$含砂量(\%)=\frac{m_4-m_5}{m}×100 \tag{8}$$

式中　m_4——铝制托盘和砂的质量，g；

m_5——铝制托盘质量，g；

m——试样质量，g。

(12) 烧失量的测定

① 试验步骤　将试样 $(105±3)$℃干燥 2 h 以上，置于干燥器中冷却至室温。称取 1g 试样，精确至 0.0001g，置于预先灼烧至恒重的瓷坩埚中。盖上坩埚盖并留一缝隙，置于高温炉中，从低渐高逐渐升高温度至 $(950±25)$℃，灼烧 30min。取出坩埚，盖好坩锅盖，稍冷，置于干燥器中冷却 30min，称量。重复灼烧 20min，直至恒重。

② 结果计算　烧失量按式（9）计算，精确至小数点后三位。

$$烧失量(\%)=\frac{m_6-m_7}{m}×100 \tag{9}$$

式中　m_6——灼烧前试样和坩埚的质量，g；

m_7——灼烧后试样和坩埚的质量，g；

m——试样的质量，g。

取两次平行分析结果算出平均质量为最终分析。

(13) 矿物含量的测定

① 试验步骤　取试样约 10g 于玛瑙乳钵中研细至全部通过 200 目标准筛（孔径 75μm），混匀。将试样置于样品盒中压制成平滑的试样片；置试样片于 X 射线衍射仪的样品架上，按设备操作规程开机并进行照射。

② 结果计算 根据得到的衍射谱线，计算出海泡石、有害矿物的含量，精确至整数位。

1.5 检验规则

1.5.1 组批规则

以同一班次生产的产品为一个检验批。

1.5.2 抽样方法及数量

袋装海泡石产品采取等距抽样，即在同一批量中每隔 $n-1$ 袋，在该袋中至少抽 50g，n 按式（10）计算：

$$n = \frac{N}{10} \tag{10}$$

式中 N——每批产品的总袋数；

n——取样间隔数。

当计数的 n 值为带有小数值时，小数点以后部分舍去。当 $N \leqslant 10$ 时，分别在批中每袋抽取。取样时，用取样钎从袋口垂直插入袋中 1/2 处取样，所取总样量不少于 500g。

1.5.3 检验分类

产品检验分出厂检验和型式检验。

① 出厂检验和型式检验项目见附表 1-5。

附表 1-5 出厂检验和型式检验项目

产品分类	出厂检验项目	型式检验项目
钻井泥浆用海泡石	水分、筛余量	附表 1-1 所列全部项目
油脂脱色用海泡石	脱色力、水分、筛余量	附表 1-2 所列全部项目
一般工业用海泡石	干式分级/筛余量、水分、烧失量	附表 1-3 或附表 1-4 所列全部项目

② 每批产品经工厂检验部门按标准规定的方法检验合格，出具合格证后方可出厂。

③ 有下列情况之一时进行型式检验：

a. 产品长期停产后，恢复生产时；

b. 材料、工艺有较大变动，可能影响产品性能时；

c. 出厂检验与上次型式检验有较大差异时；

d. 国家质量监督检验机构提出进行型式检验的要求时；

e. 企业正常连续生产一年时。

1.5.4　判定规则

检验结果中除水分外如有任何一项指标不符合标准要求时，应从同批量中重新取样复检，全部检验指标合格为合格品，否则为不合格品。如水分超过标准要求，应扣除超过标准要求部分计量。

1.6　标志、 包装、 运输、 贮存

1.6.1　标志

每个包装上应有产品名称、执行标准编号、净含量、生产厂厂名、厂址、生产日期。

1.6.2　包装

产品采用内衬塑料薄膜的塑料编织袋包装，包装要坚固、整洁，并附有产品质量合格证。

1.6.3　运输及贮存

运输贮存中应防雨、防潮、防破包。严禁与农药、化肥、化学药品等混放、混运。

附录2 海泡石空气净化剂（DB43/T 1376—2017）

2.1 范围

本标准规定了海泡石空气净化剂的技术要求、试验方法、检验规则和包装、标志、运输、贮存。

本标准适用于空气净化用颗粒状海泡石制品。

2.2 规范性引用文件

下列文件对于本文件的应用是必不可少的。凡是注日期的引用文件，仅所注日期的版本适用于本文件。凡是不注日期的引用文件，其最新版本（包括所有的修改单）适用于本文件。

GB/T 602 化学试剂 杂质测定用标准溶液的制备

GB/T 625 化学试剂 硫酸

GB/T 685 化学试剂 甲醛溶液

GB/T 6286 分子筛堆积密度测定方法

GB/T 6288 粒状分子筛粒度测定方法

GB/T 6682 分析实验室用水规格和试验方法

GB/T 7702.13 煤质颗粒活性炭试验方法 四氯化碳吸附率的测定

GB/T 12589 化学试剂 乙酸乙酯

GB/T 13079—2006 饲料中总砷的测定

GB/T 13080—2004 饲料中铅的测定 原子吸收光谱法

GB/T 13081—2006 饲料中汞的测定

GB/T 16129 居住区大气中甲醛卫生检验标准方法 分光光度法

GB/T 16399 黏土化学分析方法

GB/T 18883 室内空气质量标准

GB/T 19587 气体吸附BET法测定固态物质比表面积

GB/T 23263 制品中石棉含量测定方法

JC/T 574 海泡石

JC/T 1074 室内空气净化功能涂覆材料净化性能

2.3 术语和定义

甲醛去除率：在一定时间内，产品投入使用后试验舱内甲醛浓度下降的百分数，即对比试验舱甲醛浓度与样品试验舱甲醛浓度差和对比试验舱甲醛浓度之比。

2.4 产品分级

按照 2h 乙酸乙酯吸附容量和 24h 甲醛去除率指标，将产品分为：Ⅰ级、Ⅱ级、Ⅲ级。

2.5 技术要求

2.5.1 外观呈颗粒状，为浅灰色、浅黄色、白色或黑色物质。

2.5.2 技术指标应符合附表 2-1 要求。

附表 2-1 技术指标

项目		Ⅰ级	Ⅱ级	Ⅲ级
水分/%		≤5		
装填密度/(g/L)		≥600		
颗粒尺寸/mm		1.5～4.0		
比表面积/(m²/g)		≥260	≥180	≥140
可溶性重金属含量/(mg/kg)	铅（Pb）	≤18		
	砷（As）	≤5.5		
	镉（Cd）	≤1.0		
	汞（Hg）	≤0.7		
化学成分/%	氧化镁（MgO）	12～18		
	氧化铝（Al₂O₃）	5～8		
	氧化硅（SiO₂）	45～68		
2h 乙酸乙酯吸附容量/(mg/g)		≥220	≥190	≥140
24h 甲醛去除率/%		≥95	≥85	≥70
石棉		阴性（不得检出）		

注：用户对粒度有特殊要求，可在订货时协商。

2.6 试验方法

2.6.1 外观检验

目测。

2.6.2 水分的测定

按 JC/T 574 规定执行。

2.6.3 装填密度的测定

按 GB/T 6286 规定执行。

2.6.4 颗粒尺寸的测定

按 GB/T 6288 的规定执行。

2.6.5 比表面积的测定

(1) 试验条件

样品脱气条件：110℃，4h。

(2) 测定

按 GB/T 19587 的规定执行。

(3) 结果表示

取两次测试的平均值为试验报告数值。比表面积＜100m²/g 时，允许误差小于或等于 3%；比表面积≥100m²/g 时，允许误差小于或等于 5%。

2.6.6 可溶性重金属含量的测定

按附录 4 的规定执行。

2.6.7 铅的测定

按 GB/T 16399 规定执行。

2.6.8 2h 乙酸乙酯吸附容量的测定

(1) 仪器及装置

①吸附容量测定装置参照 GB/T 7702.13，见附图 2-1。

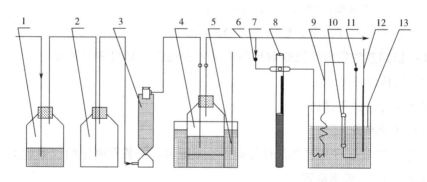

附图 2-1 吸附容量测定装置及流程示意图

1—硫酸干燥瓶；2—缓冲器；3—干燥塔；4—有机物蒸气发生瓶；5—冰水浴；6—分配管；
7—活塞；8—流量计；9—蛇形管；10—测定管；11—压力计接口；12—温度计；13—恒温水浴

注意：将压缩空气的开关与该装置连接，通压缩空气后，空气进入硫酸干燥瓶（1）、缓冲器（2）、装有无水氯化钙的干燥塔（3）、有机物蒸气发生瓶（4），后经分配管（6）、活塞（7）、流量计（8）、蛇形管（9）而进入测定管（10）。

② 测定装置 测定装置由以下设备组成：

a. 电热恒温干燥箱：0~220℃；

b. 干燥器：内装变色硅胶或无水氯化钙；

c. 分析天平：感量 0.1mg；

d. 振荡器：功率 80W，频率 50Hz；

e. 秒表；

f. 温度计：0～50℃；

g. 压力计：量程 0～40kPa。

（2）试剂

所用试剂包括：

a. 乙酸乙酯：GB/T 12589，化学纯；

b. 硫酸：GB/T 625，分析纯；

c. 无水氯化钙：分析纯。

（3）试验条件

在下列条件下进行试验：

a. 海泡石质量：（20.0000±0.5000）g；

b. 毛细管比速：（0.65±0.01）L/（min·cm²）；

c. 有机物蒸气发生瓶温度：（20±5）℃；

d. 吸附温度：（10±5）℃；

e. 测定管截面积：（3.15±0.26）cm²；

f. 乙酸乙酯蒸气浓度：（1.0±0.5）mg/L。

注：根据蒸气发生瓶试验前后的质量差和流量计算得蒸气浓度。

（4）试样及其制备

采用四分法制备试样。

（5）试验准备

① 装置安装　将装置各部件按附图 2-1 所示，安装在固定的仪器板上。根据需要可安装 1～4 根测定管。

② 气密检查　装置各部件和安装好的仪器都要进行气密检查。方法是：通入压缩空气，使仪器内产生 13.3kPa 的压力，然后关闭活塞，1min 内其压力下降应不大于 0.26kPa。

（6）试验步骤

试验步骤包括：

a. 准备试验所需样品，将其置于 105℃ 的电热恒温干燥箱内干燥至恒重，放入干燥器中冷却备用。

b. 将测定管（连同管盖）擦净称重（m_k），精确至 0.0010g。

c. 将样品分 2～3 次装入测定管中，海泡石质量在（20.0000±0.5000）g，称量（m_y），精确至 0.0010g；然后在盖口处涂凡士林，盖好并擦拭干净，称其质量（m_0），精确至 0.0010g。

d. 将装好并称量的测定管与仪器连通，垂直放入恒温水浴中。

e. 打开压缩空气和发生瓶活塞，立刻开启秒表计时，同时调好流量。空气经净化、干燥后进入乙酸乙酯发生瓶，将乙酸乙酯带出、混合，由分配管进入各测定管中，通气 120min 后，关闭发生瓶活塞，取下测定管，擦拭干净后称其质量为 m_t。

f. 关闭压缩空气，同时停止计时。

（7）结果计算

2h 乙酸乙酯吸附容量按式（1）计算：

$$A_s = \frac{m_t - m_0}{m_y - m_k} \times 1000 \qquad (1)$$

式中　A_s——2h 乙酸乙酯吸附容量，mg/g；

　　　m_t——试验后测定管和样品的质量，g；

　　　m_0——试验前测定管和样品的质量，g；

　　　m_y——涂凡士林前测定管和样品的质量，g；

　　　m_k——空测定管的质量，g。

两份平行样品各测定一次，允许误差应小于 10%，结果以算术平均值表示，精确至 0.1mg/g。

2.6.9　24h 甲醛去除率的测定

按 JC/T 1074 规定执行，试验舱示意图见附图 2-2。

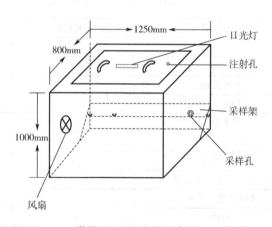

附图 2-2　试验舱示意图

2.6.10　石棉含量的测定

按 GB/T 23263 规定执行。

2.7 检验规则

2.7.1 组批

以每一个班次生产的产品为一个检验批。

2.7.2 抽样方法及数量

产品抽样按以下两种方法任选一种：

a. 产品包装封口前，对海泡石产品采取等距取样，即在同一批量中每隔 $n-1$ 袋，在该袋中至少抽 50g，按式（2）计算：

$$n = \frac{N}{10} \tag{2}$$

式中 N——每批产品的总袋数；

n——取样间隔数。

当计数的 n 值为带有小数值时，小数点以后部分舍去。当 $N \leqslant 10$ 时，分别在批中每袋抽取。取样时，用取样钎从袋中垂直插入袋中 1/2 处取样，所取总样量不少于 500g。

b. 以 2h 为时间间隔，每次取样不少于 130g，将每班次（批次）所取样品混合成 1 份综合样，总量不少于 500g，此综合样代表该班次（批次）产品质量情况。

2.7.3 检验分类

检验分出厂检验和型式检验两类。

（1）出厂检验和型式检验项目

见附表 2-2。

附表 2-2   出厂检验和型式检验项目

序号	检验项目	型式检验	出厂检验
1	外观	√	√
2	水分	√	√
3	装填密度	√	√
4	颗粒尺寸	√	√
5	比表面积	√	—
6	可溶性重金属含量	√	—
7	化学成分	√	—
8	2h乙酸乙酯吸附容量	√	√
9	24h甲醛去除率	√	—
10	石棉	√	—

注：表中"√"为检验项目，"—"为不检验项目。

（2）型式检验

在正常情况下型式检验每半年进行一次。有下列情况之一时进行型式检验：

a. 矿源质量波动较大；

b. 原材料、加工工艺变更；

c. 产品长期停产后刚恢复生产；

d. 出厂检验结果与上次型式检验有较大差异；

e. 国家标准质量监督检验机构提出进行型式检验的要求时。

需及时进行检验直至各项指标处于稳定状态后再按上述规定进行。

2.7.4　判定规则

① 出厂产品必须符合出厂检验规定的各项技术指标要求，经检验有任何一项指标不合格，应从同批量中重新取样复检，全部检验指标合格为合格品，否则为不合格品。

② 购货单位（以下称需方）对供货单位（以下称供方）提供的产品质量有异议时，应于收到该批产品后一个月内提出。供方接到意见后，应及时处理，必要时可会同需方共同取样进行复检。双方对复检结果如仍有异议，应提请有资质的检测机构进行检验，检验结果为最后裁决依据。

2.8　标志、包装、运输和贮存

2.8.1　标志

① 每个外包装上应有产品名称、执行标准代号、净含量、生产厂厂名、厂址、生产日期。

② 产品应附"出厂合格证"，出厂合格证内容包括：

a. 生产企业的名称；

b. 产品名称和等级；

c. 标准代号；

d. 出厂合格证号码和日期。

2.8.2　包装

① 内包装采用白色圆底透明纱布袋、亚麻袋或透气无纺布袋，并用塑料袋密封；外包装采用白卡纸盒，并采用塑料袋密封。

② 每袋净重（100±1)g、（200±1)g 或（300±1)g，需方如有特殊要求可按照协议进行。

③ 经双方协商可由需方自备包装物进行包装或散装。

2.8.3　运输和贮存

各种运输工具及产品中转堆放和贮存均应防雨、防潮、防破包，严禁与农药、化肥、化学药品等混放、混运。

附录3 饲料原料 海泡石 （DB43/T 886—2014）

3.1 范围

本标准规定了饲料原料海泡石的术语和定义、要求、试验方法、检验规则、标签、包装、运输、贮存和保质期。

本标准适用于以天然海泡石为原料经破碎、碾磨、筛分制成的饲料原料海泡石的生产、销售和检验。

3.2 规范性引用文件

下列文件对于本文件的应用是必不可少的。凡是注日期的引用文件，仅注日期的版本适用于本文件。

凡是不注日期的引用文件，其最新版本（包括所有的修改单）适用于本文件。

GB/T 5917.1 饲料粉碎粒度测定 两层筛筛分法

GB/T 6435 饲料中水分和其他挥发性物质含量的测定

GB 10648 饲料标签

GB 13078 饲料卫生标准

GB/T 13079 饲料中总砷的测定

GB/T 13080 饲料中铅的测定 原子吸收光谱法

GB/T 13081 饲料中汞的测定

GB/T 13082 饲料中镉的测定方法

GB/T 13083 饲料中氟的测定 离子选择性电极法

GB/T 14699.1 饲料采样

GB/T 14506.3 硅酸盐岩石化学分析方法 第3部分：二氧化硅量测定

GB/T 14506.7 硅酸盐岩石化学分析方法 第7部分：氧化镁量测定

GB/T 16764 配合饲料企业卫生规范

GB/T 18823 饲料检测结果判定的允许误差

GB/T 22144 天然矿物质饲料通则

JJF 1070 定量包装商品净含量计量检验规则

农业部公告［2012］第1773号《饲料原料目录》

国家质量监督检验检疫总局令 第75号（2005）《定量包装商品计量监督管理办法》

3.3 术语和定义

饲料原料海泡石是一类具链层状结构的水合富镁硅酸盐黏土矿物的加工粉末，用作饲料载体或稀释剂。分子式：$Mg_8[Si_{12}O_{30}](OH)_4 \cdot 12H_2O$。

3.4 要求

3.4.1 感官

本品为白色、浅黄色或浅灰色粉末，不透明，触感光滑。

3.4.2 粉碎粒度

孔径为0.83mm（20目）的分析筛全部通过，孔径为0.25mm（60目）的分析筛筛上物≤5%。

3.4.3 理化指标

理化成分指标应符合附表3-1要求。

附表3-1 理化成分指标

项目	指标
二氧化硅（SiO_2）/%	50～70
氧化镁（MgO）/%	17～20
水分/%	≤8

3.4.4 卫生指标

除应符合GB 13078的规定外，还应符合附表3-2的要求。

附表3-2 卫生指标

项目	指标
砷（As）/(mg/kg)	≤10
铅（Pb）/(mg/kg)	≤10
汞（Hg）/(mg/kg)	≤0.1
镉（Cd）/(mg/kg)	≤0.75
氟（F）/(mg/kg)	≤0.2

3.4.5 净含量

应符合国家质量监督检验检疫总局令 第75号（2005）的规定。

3.5 检验方法

3.5.1 感官指标

采用目测。

3.5.2 水分的测定

按 GB/T 6435 的规定执行。

3.5.3 粒度的测定

按 GB/T 5917 的规定执行。

3.5.4 二氧化硅的测定

按 GB/T 14506.3 的规定执行。

3.5.5 氧化镁的测定

按 GB/T 14506.7 的规定执行。

3.5.6 砷的测定

按 GB/T 13079 的规定执行。

3.5.7 铅的测定

按 GB/T 13080 的规定执行。

3.5.8 汞的测定

按 GB/T 13081 的规定执行。

3.5.9 镉的测定

按 GB/T 13082 的规定执行。

3.5.10 氟的测定

按 GB/T 13083 的规定执行。

3.5.11 净含量的测定

按 JJF 1070 的规定执行。

3.6 检验规则

3.6.1 采样

按 GB/T 14699.1 的规定执行。

3.6.2 组批

同一原料、同一工艺、同一班次生产的产品为一组批。

3.6.3 检验分类

分为出厂检验和型式检验。

（1）出厂检验

由生产企业的质量检验部门对产品质量逐批进行检验，出厂检验项目为感官性状、水分、净含量和标签。检验合格方可出厂。

（2）型式检验

正常情况下，每年进行一次型式检验。有下列情形之一时，应进行型式检验：

a. 原料、工艺发生较大改变时；

b. 停产 6 个月后恢复生产时；

c. 与上次检验结果存在较大差异时；

d. 管理部门提出要求时。

型式检验项目为 3.4 要求的所有项目。

3.6.4　判定规则

① 检验结果有一项不合格，则判该批次产品不合格。

② 检验结果判定的允许误差按 GB/T 18823 的规定执行。

3.7　标签、 包装、 运输、 贮存和保质期

3.7.1　标签

应符合 GB 10648 的规定及农业部公告 [2012] 第 1773 号的要求。

3.7.2　包装、运输、贮存

应符合 GB/T 16764 的规定。

3.7.3　保质期

产品从生产之日起保质期为 24 个月。

附录 4 可溶性重金属含量的测定

4.1 试剂

除非另有说明，在分析中仅使用确认为分析纯的试剂，水为去离子水或相当纯度的水，应符合 GB/T 6682 中二级水的规定。

    a. 硝酸：优级纯；

    b. 氢氟酸；

    c. 高氯酸：优级纯；

    d. 盐酸：优级纯；

    e. 硫酸。

4.2 试样溶解

4.2.1 高氯酸消化法（适用于纯海泡石空气净化剂）

称取 2.0～2.5g 试样（精确至 0.1mg），置于 100mL 聚四氟乙烯坩埚中，加水润湿样品，加入 5mL 硝酸（a），加盖，置于电热板（不超过 180℃）上加热分解 5min，取下稍冷，加入 15mL 氢氟酸（b），继续加热至剧烈反应停止，取下冷却，用水冲洗杯壁，加入 15mL 硝酸（a），3～4mL 高氯酸（c），加盖，于电热板上加热蒸发至消化液 2～3mL（若样品分解不完全，可以补加氢氟酸继续蒸）。取下冷却，用水移入 100mL 容量瓶中并稀释至刻度，摇匀，待测。同时制备试样空白溶液。

4.2.2 干灰化法

称取 4.0～4.5g 试样（精确至 0.1mg）于瓷坩埚中，放入马弗炉内，于 550℃灰化 2～4h，取出冷却，移入 100mL 聚四氟乙烯坩埚后，再按 4.2.1 方法进行消解。

4.3 铅的测定（ GB/T 13080 ）

4.3.1 原理

试样经分解，在原子吸收分光光度计上，以塞曼效应或连续光谱灯校正背景，于波长 283.3nm 处，在空气-乙炔火焰中测量铅的吸光度，与标准系列比较定量。

4.3.2 铅标准溶液配制

4.3.2.1 铅标准溶液（1000μg/mL）

准确称取 1.5980g 硝酸铅，加 10mL 硝酸溶液（6mol/L），全部溶解后，转入 1000mL 容量瓶中，加水至刻度，该溶液含铅为 1mg/mL。标准溶液贮存在聚乙烯瓶中，4℃保存。

4.3.2.2 铅标准溶液（10μg/mL）

从1000μg/mL的铅标准溶液中准确吸取1mL溶液于100mL容量瓶中，用水稀释至刻度，摇匀。

4.3.3 标准曲线绘制

分别吸取铅标准溶液（10μg/mL）0.00mL、4.00mL、8.00mL、12.00mL、16.00mL，置于100mL容量瓶中（各相当于铅浓度0.0μg/mL、0.4μg/mL、0.8μg/mL、1.2μg/mL、1.6μg/mL），各加入1mL盐酸（6mol/L），用水稀释至刻度，摇匀，导入原子吸收分光光度计，用水调零，在283.3nm波长处测定吸光度，以净吸光度为纵坐标，浓度为横坐标，绘制标准曲线。

4.3.4 样品测定

试样溶液和试剂空白，按绘制标准曲线步骤进行测定，测出相应吸光度与标准曲线比较定量。

4.3.5 结果计算

测定结果按式（1）计算，分析计算结果表示到0.01mg/kg。

$$\omega = \frac{(\rho - \rho_0)v/1000}{m/1000} \tag{1}$$

式中 ω——试样的铅含量，mg/kg；

ρ——从标准曲线上查得的试样溶液中铅的浓度，μg/mL；

ρ_0——从标准曲线上查得的试样空白溶液中铅的浓度，μg/mL；

v——试样溶液体积，mL；

m——试样质量，g。

4.3.6 重复性

同一分析者对同一试样同时或快速连续地进行两次测定，所得结果与允许相对偏差见附表4-1。

附表4-1 分析允许相对偏差

铅含量范围/（mg/kg）	分析允许相对偏差/%
≤5	≤20
>5~15	≤15
>15~30	≤10
>30	≤5

4.4 镉的测定（GB/T 13082）

4.4.1 原理

试样经分解，在原子吸收分光光度计上，以塞曼效应或连续光谱灯校正背景，于波长 228.8nm 处，在空气-乙炔火焰中测量镉的吸光度，与标准系列比较定量。

4.4.2 镉标准溶液配制

4.4.2.1 镉标准溶液（100μg/mL）

准确称取 0.1000g 高纯金属镉于 250mL 三角烧瓶中，加入 10mL 1：1 硝酸，在电热板上加热溶解完全后，蒸干，取下冷却，加入 20mL 1：1 盐酸及 20mL 水，继续加热溶解，取下冷却后，移入 1000mL 容量瓶中，用水稀释至刻度，摇匀，此溶液浓度为 100μg/mL。

4.4.2.2 镉标准溶液（10μg/mL）

从 100μg/mL 的镉标准溶液中准确吸取 10mL 溶液于 100mL 容量瓶中，用水稀释至刻度，摇匀。

4.4.3 标准曲线绘制

分别吸取镉标准溶液（10μg/mL）0.00mL、1.00mL、2.00mL、3.00mL、4.00mL，置于 100mL 容量瓶中（各相当于镉浓度 0.0μg/mL、0.1μg/mL、0.2μg/mL、0.3μg/mL、0.4μg/mL），各加入 1mL 盐酸（6mol/L），用水稀释至刻度，摇匀，导入原子吸收分光光度计，用水调零，在 228.8nm 波长处测定吸光度，以净吸光度为纵坐标，浓度为横坐标，绘制标准曲线。

4.4.4 样品测定

试样溶液和试剂空白，按绘制标准曲线步骤进行测定，测出相应吸光度与标准曲线比较定量。

4.4.5 结果计算

测定结果按式（2）计算。

$$\omega = \frac{(\rho - \rho_0)v/1000}{m/1000} \tag{2}$$

式中　ω——试样的镉含量，mg/kg；

　　　ρ——从标准曲线上查得的试样溶液中镉的浓度，μg/mL；

　　　ρ_0——从标准曲线上查得的试样空白溶液中镉的浓度，μg/mL；

　　　v——试样溶液体积，mL；

　　　m——试样质量，g。

分析计算结果表示到 0.01mg/kg。

4.4.6 重复性

同一分析者对同一试样同时或快速连续地进行两次测定，所得结果与允许相对偏差见附表4-2。

附表 4-2　分析允许相对偏差

镉含量范围/(mg/kg)	分析允许相对偏差/%
≤0.5	≤50
>0.5~1	≤30
≥1	≤20

4.5　砷的测定（GB/T 13079）

4.5.1　原理

试样经分解后，在酸性介质中，试样中砷被硼氢化钾（KBH₄）或硼氢化钠（NaBH₄）还原成原子态砷，由载气（氩气）带入原子化器中，在特制砷空心阴极灯照射下，基态砷原子被激发至高能态，在去活化回到基态时，发射出特征波长的荧光，其荧光强度与砷含量成正比，与标准系列比较定量。

4.5.2　砷标准溶液配制

4.5.2.1　砷标准溶液（1000μg/mL）

准确称取 0.6600g 三氧化砷（110℃，干燥 2h），加 5mL 氢氧化钠溶液（200g/L）使之溶解，然后加入 25mL 硫酸溶液（60mL/L）中和，定容至 500mL，此溶液每毫升含 1.00mg 砷，于塑料瓶中冷存。

4.5.2.2　砷标准溶液（1μg/mL）

从 1000μg/mL 的砷标准溶液中准确吸取 0.1mL 溶液于 100mL 容量瓶中，用水稀释至刻度，摇匀。

4.5.2.3　砷标准溶液（10μg/L）

从 1μg/mL 的砷标准溶液中准确吸取 1mL 溶液于 100mL 容量瓶中，用水稀释至刻度，摇匀。

4.5.3　标准曲线绘制

分别吸取镉标准溶液（10μg/L）0.00mL、10.00mL、20.00mL、40.00mL、80.00mL，置于 100mL 容量瓶中（各相当于砷浓度 0μg/L、1μg/L、2μg/L、4μg/L、8μg/L），各加入 10mL 硫脲溶液（100g/L），5mL 盐酸（优级纯），加水稀释至刻度，摇匀，置于 50℃水浴锅中加热还原 30min，然后冷却至室温。在原子荧光光度计上，设定好仪器最佳条件，逐步将炉温升至所需温度后开始测量。连续用盐酸溶液（30mL/L）进样，待数值稳定后，按浓度由低至高的顺序，依次测砷校准溶液系列，以砷校准溶液系列的浓度为横坐标，荧光度为纵坐标，绘制标准曲线。

4.5.4　样品测定

经高氯酸消化法或干灰化法消解后的消化液，移入 100mL 容量瓶中，加入 10mL 硫脲溶液（100g/L），5mL 盐酸（优级纯），用水稀释至刻度，摇匀，置于

50℃水浴锅中加热还原 30min，然后冷却至室温。按绘制标准曲线步骤进行测定，测出相应吸光度与标准曲线比较定量。

4.5.5　结果计算

测定结果按式（3）计算。

$$\omega = \frac{(\rho - \rho_0)v/1000}{m/1000} \tag{3}$$

式中　ω——试样的砷含量，mg/kg；

$\quad\quad\rho$——从标准曲线上查得的试样溶液中砷的浓度，μg/mL；

$\quad\quad\rho_0$——从标准曲线上查得的试样空白溶液中砷的浓度，μg/mL；

$\quad\quad v$——试样溶液体积，mL；

$\quad\quad m$——试样质量，g。

分析计算结果表示到 0.01mg/kg。

4.5.6　重复性

同一分析者对同一试样同时或快速连续地进行两次测定，所得结果与允许相对偏差见附表 4-3。

附表 4-3　分析允许相对偏差

砷含量范围/(mg/kg)	分析允许相对偏差/%
≤1.00	≤20
1.00~5.00	≤10
5.00~10.00	≤5
≥10.00	≤3

4.6　汞的测定（GB/T 13081）

4.6.1　原理

试样经分解后，在酸性介质中，试样中汞被硼氢化钾（KBH_4）或硼氢化钠（$NaBH_4$）还原成原子态汞，由载气（氩气）带入原子化器中，在特制汞空心阴极灯照射下，基态汞原子被激发至高能态，在去活化回到基态时，发射出特征波长的荧光，其荧光强度与汞含量成正比，与标准系列比较定量。

4.6.2　汞标准溶液配制

4.6.2.1　汞标准溶液（1000μg/mL）

按 GB/T 602—2002 中规定进行配制，或者选用国家标准物质——汞标准溶液（GBW 08617），此溶液每毫升相当于 1000μg 汞。

4.6.2.2　汞标准溶液（1μg/mL）

从 1000μg/mL 的汞标准溶液中准确吸取 0.1mL 溶液于 100mL 容量瓶中，

用硝酸溶液（110mL/L）稀释至刻度，摇匀。

4.6.2.3　汞标准溶液（1μg/L）

从 1μg/mL 的汞标准溶液中准确吸取 0.1mL 溶液于 100mL 容量瓶中，用硝酸溶液（110mL/L）稀释至刻度，摇匀。

4.6.3　标准曲线绘制

分别吸取汞标准溶液（1μg/L）0.00mL、10.00mL、20.00mL、40.00mL、80.00mL（各相当于汞浓度 0.0μg/L、0.1μg/L、0.2μg/L、0.4μg/L、0.8μg/L），置于 100mL 容量瓶中，用硝酸溶液（110mL/L）稀释至刻度，摇匀。在原子荧光光度计上，设定好仪器最佳条件，逐步将炉温升至所需温度后开始测量。连续用硝酸溶液（110mL/L）进样，待读数稳定后，按浓度由低至高的顺序，依次测汞校准溶液系列，以汞校准溶液系列的浓度为横坐标，荧光度为纵坐标，绘制标准曲线。

4.6.4　样品测定

经高氯酸消化法或干灰化法消解后的消化液，移入 100mL 容量瓶中，用硝酸溶液（110mL/L）稀释至刻度，摇匀。按绘制标准曲线步骤进行测定，测出相应吸光度与标准曲线比较定量。

4.6.5　结果计算

测定结果按式（4）计算。

$$\omega = \frac{(\rho - \rho_0)v/1000}{m/1000} \qquad (4)$$

式中　ω——试样的汞含量，mg/kg；

　　　ρ——从标准曲线上查得的试样溶液中汞的浓度，μg/mL；

　　　ρ_0——从标准曲线上查得的试样空白溶液中汞的浓度，μg/mL；

　　　v——试样溶液体积，mL；

　　　m——试样质量，g。

分析计算结果表示到 0.01mg/kg。

4.6.6　重复性

同一分析者对同一试样同时或快速连续地进行两次测定，所得结果与允许相对偏差见附表 4-4。

附表 4-4　分析允许相对偏差

汞含量范围/（mg/kg）	分析允许相对偏差/%
≤0.02	≤100
0.020~0.100	≤50
≥0.100	≤20

参考文献

［1］刘运和．试论湖南海泡石的开发利用［J］．矿产保护与利用，1990，02（02）：15-20.

［2］Alvarez A. Sepiolite：Properties and Uses//Singer A，Galan E，edit. Developments in Sedimentology［M］. Elsevier，1984：253-287.

［3］车蓉蓉．高效除臭功能性粘胶纤维的研究［D］．青岛：青岛大学，2014.

［4］张晓丽，杨冬梅．海泡石配纤维原料抄造耐高温纸［J］．纸和造纸，1998（06）：3-5.

［5］凤迎春．海泡石对铅和镉的吸附研究［D］．衡阳：南华大学，2007.

［6］王春智，高玉杰．海泡石的性质、活化及其在造纸中的应用［J］．华东纸业，2007，38（2）：44-48.

［7］Al-Ani A，Gertisser R，Zholobenko V. Structural features and stability of Spanish sepiolite as a potential catalyst［J］. Applied Clay Science，2018，162：297-304.

［8］Duman O，Tunç S，Gürkan Polat T. Adsorptive removal of triarylmethane dye（Basic Red 9）from aqueous solution by sepiolite as effective and low-cost adsorbent［J］. Microporous and Mesoporous Materials，2015，210：176-184.

［9］刘昆，王益民，刘明星，等．海泡石活化性能及环境治理应用研究［J］．中国非金属矿工业导刊，2008（3）：20-22.

［10］胡克，龚雪云，丁小山．永和海泡石 SP-01 建筑涂料研究［J］．湖南地质，1985（S1）：41-45＋63.

［11］陈腾捷，董菲．海泡石为载体的微量元素添加剂［J］．山东化工，1990（1）：16-20.

［12］Serratosa J M. Surface Properties of Fibrous Clay Minerals（Palygorskite and Sepiolite）//Mortland M M，Farmer V C，edit. Developments in Sedimentology［M］. Elsevier，1979：99-109.

［13］汤素仁，古阶祥．海泡石——世界上用途最广的矿物原料之一［J］．地质科技情报，1988（01）：59-63.

［14］林春．海泡石作为吸附剂在废水处理中的应用研究［D］．南京：南京理工大学，2004.

［15］范存善，王福根．海泡石的性质及用途［J］．化工之友，1999（03）：10-11.

［16］常婕，李鮇领，李晨佳，等．以海泡石为载体的催化剂研究进展［C］．安阳：第十四届全国工业催化技术及应用年会，2017：8.

［17］李有禹，陈淑珍．海泡石的热稳定性［J］．湘潭矿业学院学报，1986（02）：116-121.

［18］聂利华，刘德忠，姚守拙．海泡石的物化特性［J］．湖南大学学报，1990（01）：106-113.

［19］袁继祖，夏惠芳．海泡石矿分散特性的试验研究［J］．非金属矿，1991（05）：18-20＋23.

［20］李虹，杨兰荪．湖南永和低品位海泡石提纯研究［J］．非金属矿，1995（03）：47-48＋20.

［21］张琦．海泡石吸附性能研究［D］．天津：河北工业大学，2002.

［22］Sabah E，Çelik M S. Adsorption mechanism of quaternary amines by sepiolite［J］. Separation Science and Technology，2002，37（13）：3081-3097.

［23］梁凯．海泡石的矿物学研究与其在环境治理中的应用［D］．长沙：中南大学，2008.

［24］谢治民．海泡石复合水处理剂的研制及其处理染料废水性能研究［D］．湘潭：湘潭大学，2007.

［25］向开利．湖南省石门县活性海泡石的研制［J］．四川建材，2010，36（03）：105-106.

［26］张志强，郭秀平，庞玉荣．河北省某海泡石矿的选矿工艺研究［J］．矿产保护与利用，1994（03）：30-32＋55.

［27］蔡荣民．海泡石絮凝选矿［J］．矿产综合利用，1990（3）：1-3.

［28］屈小梭，宋贝，郑水林，等．海泡石的选矿提纯与精矿物化特性研究［J］．非金属矿，2013（4）：35-36.

［29］王盘喜，刘新海，卞孝东，等．河南海泡石矿物组成及提纯建议［J］．现代矿业，2012，27（08）：155-157.

［30］周时光，李书舒．用提纯与活化一体化工艺生产海泡石活性白土［J］．西南科技大学学报，2003（02）：19-20＋38.

［31］汤春林，王觉群，张勇．海泡石提纯工艺．CN101288857［P］．2008-10-22.

[32] 张超. 一种低品位海泡石提纯工艺. CN102371208A [P]. 2012-03-14.

[33] 宋贝, 屈小梭, 郑水林. 一种海泡石的选矿提纯方法. CN102716800A [P]. 2012-10-10.

[34] 蒋文斌, 刘德义, 屠式瑛. 海泡石的酸性和性能研究——Ⅰ改性历程和改性产物的结构 [J]. 石油学报 (石油加工), 1994 (01): 29-35.

[35] 刘长根, 蔡克勤. 关于坡缕石、海泡石粘土的活化研究现状的评述 [J]. 建材地质, 1991 (02): 20-26+5.

[36] 李静, 高玉杰, 任继春. 海泡石的活化 [J]. 纸和造纸, 2003 (03): 45-46.

[37] 章少华, 王禄田, 张巍. 河南西峡纤维状海泡石的处理试验 [J]. 建材地质, 1992 (04): 41-45.

[38] 徐应明, 梁学峰, 孙国红, 等. 酸和热处理对海泡石结构及吸附 Pb^{2+}、Cd^{2+} 性能的影响 [J]. 环境科学, 2010, 31 (6): 1560-1567.

[39] 张高科, 崔国治. 海泡石的活化及其吸附性能研究 [J]. 非金属矿, 1994 (1): 40-41+50.

[40] 徐化方, 胡振琪, 龚碧凯, 等. 复合改性海泡石理化特性分析 [J]. 非金属矿, 2011, 34 (1): 18-20, 36.

[41] 刘利斌. 海泡石基 CO_2 吸附剂的制备表征及其动力学研究 [D]. 湘潭: 湘潭大学, 2018.

[42] 张林栋, 王先年, 李军, 等. 海泡石的改性及其对废水中氨氮的吸附 [J]. 化工环保, 2006 (01): 67-69.

[43] 王菲. 海泡石族矿物纤维材料的解束处理及应用研究 [D]. 天津: 河北工业大学, 2007.

[44] 王吉中, 陈安国. 热处理海泡石石棉研究 [J]. 河北地质学院学报, 1996 (Z1): 319-323.

[45] González-Pradas E, Socías-Viciana M, Ureña-Amate M D, et al. Adsorption of chloridazon from aqueous solution on heat and acid treated sepiolites [J]. Water Research, 2005, 39 (9): 1849-1857.

[46] 杨翠英, 刘晓明, 马晓隆. 海泡石的酸改性对其吸附性能的影响 [J]. 山东科技大学学报, 2005, 24 (3): 97-100.

[47] 罗北平, 余红霞, 王国祥. 海泡石的活化及其对植物油脱色性能的研究 [J]. 化工技术与开发, 2000 (4): 18-20.

[48] 宋慈安, 江春林. 海泡石的热-酸活化及其对有毒化学物质的吸附效能 [J]. 桂林工学院学报, 1996, 016 (003): 304-312.

[49] Sun A, D'espinose De La Caillerie J B, Fripiat J J. A new microporous material: aluminated sepiolite [J]. Microporous Materials, 1995, 5 (3): 135-142.

[50] Suárez M, García-Romero E. Variability of the surface properties of sepiolite [J]. Applied Clay Science, 2012, 67-68: 72-82.

[51] 曹伟城, 谢襄漓, 刘伟, 等. 海泡石的酸处理和有机海泡石的制备 [J]. 化工矿物与加工, 2012 (4): 12-16.

[52] 苏小丽, 夏光华, 桑雪芳. 海泡石的机械化学改性及其吸附性能的研究 [J]. 地质找矿论丛, 2008, 023 (004): 325-329.

[53] 杨胜科, 邓晓铌, 冯秀芳, 等. 有机化改性海泡石对六六六吸附性能的探讨 [J]. 安全与环境学报, 2007 (3): 56-59.

[54] 谢治民, 陈镇, 刘伟光, 等. 铁改性海泡石的研制及稳定性研究 [J]. 化工矿物与加工, 2009 (5): 12-15.

[55] 胡智文, 杨海亮, 汪自强, 等. 一种有机海泡石的制备方法. CN101623624A [P]. 2010-01-13.

[56] 蔡昌凤, 杨茜, 徐建平. 一种改性海泡石的制造方法. CN103265109A [P]. 2013-08-28.

[57] 吴雪平, 刘存, 张先龙, 等. 一种有机改性海泡石吸附剂的制备方法. CN103316639A [P]. 2013-09-25.

[58] 丁德宝, 王菲, 谭建杰, 等. 硅烷偶联改性海泡石对三元乙丙橡胶性能的影响 [J]. 河北工业大学学报, 2017, 46 (02): 69-74.

[59] 罗北平, 任碧野. 海泡石表面改性及其对橡胶性能补强的研究 [J]. 长沙大学学报, 1999 (02): 27-31.

[60] 韩园园, 李华东, 闫普选, 等. 有机改性海泡石/氟橡胶复合材料的耐介质性能研究 [J]. 化工新型材料, 2018, 46 (01): 158-161.

[61] 鹿海军, 梁国正, 张宝艳, 等. 有机海泡石增强高性能环氧树脂基复合材料的研究 [J]. 中国塑料, 2004,

18 (05)：53-57.

[62] 郑亚萍，张国彬，张文云，等．海泡石/环氧树脂纳米复合材料的研究 [J]．西北工业大学学报，2004，22 (05)：614-617.

[63] 张国彬，郑亚萍，张文云．纤维状海泡石对环氧树脂反应性的影响研究 [J]．热固性树脂，2004 (01)：14-17.

[64] García-López D，Fernández J F，Merino J C，et al. Effect of organic modification of sepiolite for PA 6 polymer/organoclay nanocomposites [J]．Composites Science and Technology，2010，70 (10)：1429-1436.

[65] 张江凤，段星．海泡石的性能及其应用 [J]．中国非金属矿工业导刊，2009 (04)：19-22.

[66] Blanco J，Avila P，Yates M，et al. The performance of a new monolithic SCR catalyst in a life test with real exhaust gases. Effect on the textural nature//Pajares J A，Tascón J M D，edit. Coal Science and Technology [M]．Elsevier，1995：1807-1810.

[67] 贺洋，郑水林，沈红玲．纳米 TiO_2/海泡石复合粉体的制备及光催化性能研究 [J]．非金属矿，2010 (01)：71-73.

[68] 张娜．一种二氧化钛海泡石复合材料制备方法．CN104645957A [P]．2015-05-27.

[69] 程俊，赵强，周雪，等．海泡石-纳米 TiO 复合材料的合成方法．CN103521206A [P]．2014-01-22.

[70] 吕荣超，冀志江，张连松，等．海泡石应用于调湿材料的研究 [J]．岩石矿物学杂志，2005 (04)：329-332.

[71] 王汉青，易辉，李端茹，等．海泡石调湿涂料配制及调湿性能试验研究 [J]．建筑科学，2014，30 (12)：60-64.

[72] 郭振华，尚德库，梁金生，等．活化温度对海泡石纤维自调湿性能的影响 [J]．硅酸盐学报，2004，32 (11)：1405-1409.

[73] 颜靖．有机改性海泡石吸附水中酸性品红的试验研究 [D]．长沙：湖南大学，2013.

[74] 李菲菲．频率响应法研究分子筛及改性分子筛的吸附性能 [D]．兰州：兰州大学，2008.

[75] 谭雪艳．酸碱改性活性炭对甲醛吸附性能的研究 [D]．南京：东南大学，2017.

[76] 郭添伟，夏光华，占俐琳，等．改性海泡石处理含铬工业废水的试验研究 [J]．陶瓷学报，2003 (04)：215-218.

[77] 金胜明，阳卫军，唐谟堂．海泡石表面改性及其应用试验研究 [J]．非金属矿，2001 (4)：20-21+46.

[78] 侯立臣，王继徽．活化海泡石吸附性能研究 [J]．污染防治技术，1999，012 (001)：40-42.

[79] 王亮，陈孟林，何星存，等．改性海泡石对亚甲基蓝的吸附性能 [J]．过程工程学报，2009 (06)：59-62.

[80] 范莉，李正山，李云松，等．海泡石对亚甲基蓝的吸附性能 [J]．资源开发与市场，2005，021 (3)：182-184.

[81] 贾堤，雅菁，张志东，等．海泡石用作染料吸附剂的研究 [J]．天津城市建设学院学报，2002，8 (02)：79-80+111.

[82] 李计元，李亚静，马玉书，等．有机海泡石对甲基橙吸附性能研究 [J]．非金属矿，2010，33 (5)：67-70.

[83] 马玉书，李计元，赵海英，等．磁性海泡石的制备及其对次甲基蓝的吸附性能 [J]．陶瓷学报，2015 (1)：64-69.

[84] 段二红，郭斌，任爱玲，等．一种由改性海泡石吸附苯乙烯废气的方法．CN102527185A [P]．2012-07-04.

[85] 汤春林．海泡石空气净化剂制作工艺．CN102350299A [P]．2012-02-15.

[86] 张乃娴．粘土矿物研究方法 [M]．北京：科学出版社，1990.

[87] Masahiro S. Removal of methanethiol by sepiolite and various sepiolite-metal compound complexes in ambient air [J]．Clay Science，1993，9 (1).

[88] Alvarez A，袁道泉．海泡石的性质与用途 [J]．湖南地质，1985 (S1)：103-119.

[89] Brigatti M F，Medici L，Poppi L. Sepiolite and industrial waste-water purification：removal of Zn^{2+} and Pb^{2+} from aqueous solutions [J]．Applied Clay Science，1996，11 (1).

[90] Coruh S, Geyikci F, Coruh U. Removal of Cu²⁺ from copper flotation waste leachant using sepiolite- full factorial design approach [J]. Acta Geodynamica Et Geomaterialia, 2013, 10 (4): 453-458.

[91] Slavica Lazarević, et al. Removal of Co²⁺ ions from aqueous solutions using iron-functionalized sepiolite [J]. Chemical Engineering Processing Process Intensification, 2012.

[92] González Pradas E, Villafranca Sánchez M, Socías Viciana M, et al. Preliminary studies in removing atrazine, isoproturon and imidacloprid from water by natural sepiolite [J]. Journal of Chemical Technology & Biotechnology, 1999, 74 (5).

[93] Yildiz A, Gur A. Adsorption of phenol and chlorophenols on pure and modified sepiolite [J]. Journal of The Serbian Chemical Society, 2007, 72 (5): 467-474.

[94] 鲁旖, 仇丹, 章凯丽. 海泡石吸附剂的应用研究进展 [J]. 宁波工程学院学报, 2016, 28 (01): 17-22.

[95] Mehemt U. Adsorption of a textile dye onto activated sepiolite [J]. Microporous Mesoporous Materials, 2009, 119 (1-3): 276-283.

[96] Coruh S, Elevli S. Optimization of malachite green dye removal by sepiolite clay using a central composite design [J]. Global Nest Journal, 2014, 16 (2): 340-348.

[97] Delgado J A, Uguina M A, Sotelo J L, et al. Carbon Dioxide/Methane Separation by Adsorption on Sepiolite [J]. Journal of Natural Gas Chemistry, 2007 (03): 235-243.

[98] 王亘, 邹克华, 赵晶晶, 等. 恶臭的测定 [J]. 环境科学与管理, 2009 (09): 117－121.

[99] 崔国治, 张高科. 海泡石除臭剂研制 [J]. 非金属矿, 1990 (03): 24-25＋34.

[100] 杨雅秀. 中国粘土矿物学 [M]. 北京: 地质出版社, 1994: 9-10.

[101] 聂利华, 刘德忠, 姚守拙. 海泡石应用于有害气体的吸附 [J]. 化学世界, 1989 (05): 3-5.

[102] 汤素仁, 古阶祥. 海泡石——世界上用途最广的矿物原料之一 [J]. 地质科技情报, 1988 (01): 59-63.

[103] 于滢. 我国海泡石的开发利用 [J]. 建材工业信息, 1994 (22): 4-5.

[104] 刘进军, 杨国营, 翟学良. 海泡石在医学与环保等领域的应用 [J]. 承德医学院学报, 2002 (01): 61-63.

[105] 王慧燕, 张高科. 盐酸二甲双胍-海泡石复合物的制备及其体外释放性能 [J]. 武汉大学学报 (理学版), 2010, 56 (04): 491-496.

[106] 费红, 曹昕. 海泡石对蓖麻油脱色工艺的研究 [J]. 化工时刊, 2014, 28 (03): 31-34.

[107] Rytwo G, Tropp D, Serban C. Adsorption of diquat, paraquat and methyl green on sepiolite: experimental results and model calculations [J]. Applied Clay Science, 2002.

[108] 张晴, 陈勇. 海泡石对有机染料吸附作用的研究 [J]. 青岛大学学报 (自然科学版), 1995 (02): 73-77.

[109] 王继忠, 张振宇, 梁波. 海泡石应用于烹调油的过滤 [J]. 河北工业大学学报, 2002 (03): 94-97.

[110] 李文光. 矿物和稀土在饲料工业中的应用 [J]. 化工矿产地质, 1998 (04): 62-69.

[111] 邓庚凤, 罗来涛, 陈昭平, 等. 海泡石的性能及其应用 [J]. 江西科学, 1999 (01): 61-68.

[112] Alvarez A. Sepiolite: Properties and Uses, Palygorskite—Sepiolite: Occurrences, Genesis and Uses [J]. Developments in Sedimentology, 1984, 37: 253-287.

[113] 陆盘芳. 不饱和聚酯/海泡石纳米复合材料的研究 [D]. 西安: 长安大学, 2005.

[114] 赵丹. 聚乳酸复合材料的制备、结构表征及其性能研究 [D]. 甘肃: 兰州理工大学, 2009.

[115] 刘开平, 陆盘芳. 改性海泡石填充不饱和聚酯复合材料的热性能研究 [J]. 泰山学院学报, 2004 (03): 63-65.

[116] 刘开平, 周敬恩. 海泡石粘土/不饱和聚酯复合材料试验研究 [J]. 非金属矿, 2003 (04): 22-24.

[117] 胡小平, 李俊江, 汪关才, 等. 海泡石的剥离改性及阻燃不饱和聚酯 [J]. 材料科学与工艺, 2010, 18 (04): 469-473.

[118] 郭振华, 刘波. 粉煤灰/海泡石纤维复合沥青混合料的制备与性能研究 [C]. 武汉: 第六届中国功能材料及其应用学术会议, 2007: 5.

[119] 蒋定良,易文,刘奥林,等.多种添加剂联合作用对改性沥青混凝土路面性能影响研究[J].公路,2018,63(11):249-252.

[120] 韩炜,陈敬中,刘霞,等.纳米粘土矿物海泡石[J].矿产保护与利用,2003(06):19-25.

[121] 刘德镒.海泡石的特性和广阔的用途[J].中国地质,1987(10):17-19.

[122] 张连松.调湿净化功能无机涂覆材料与性能研究[D].北京:中国建筑材料科学研究总院,2006.

[123] 曾召刚,程琪林,胡兴亮,等.海泡石有机改性及在内墙水基涂料中应用研究[J].非金属矿,2018,41(06):71-73.

[124] Tiemblo P, García N, Hoyos M, et al. Organic Modification of Hydroxylated Nanoparticles: Silica, Sepiolite, and Polysaccharides [M]. Springer International Publishing, 2015.

[125] 王国建,高堂铃,刘琳,等.海泡石对水性钢结构防火涂料性能的影响[J].建筑材料学报,2007(04):459-462.

[126] 佚名.海泡石牙膏[J].技术与市场,2010,17(06):119.

[127] Gao Y, Gan H, Zhang G. Visible light assisted Fenton-like degradation of rhodamine B and 4-nitrophenol solutions with a stable poly-hydroxyl-iron/sepiolite catalyst [J]. Chemical engineering journal, 2013, 217: 221-230.

[128] 宿程远,郑鹏,卢宇翔,等.海泡石与生物质炭强化厌氧处理养猪废水[J].中国环境科学,2017,37(10):3764-3772.

[129] 符云聪,张义,张振兴,等.巯基改性海泡石在农田镉污染土壤修复中的应用研究[C].济南:中国土壤学会土壤环境专业委员会第十九次会议暨"农田土壤污染与修复研讨会"第二届山东省土壤污染防控与修复技术研讨会,2017:1.

[130] 李玉平,卢君,郑廷秀,等.海泡石在杀虫建筑涂料研制中的应用[J].非金属矿,2004(01):22-24.

[131] 郑锟.海泡石油井水泥体系结构与性质研究[D].成都:西南石油学院,2005.

[132] 关莉,王欣,刘宝林,等.海泡石对农药吡虫啉溶液吸附性能的研究[J].食品工业,2008(04):20-22.

[133] 黄开国,王秋风.海泡石粘土矿的性能及用途[J].矿产保护与利用,1995(04):19-21+54.

[134] 杨光华.湖南永和海泡石的石油钻井泥浆试验[J].探矿工程(岩土钻掘工程),1999(06):38-40.

[135] 韩炜,陈敬中,刘霞,等.纳米粘土矿物海泡石[J].矿产保护与利用,2003(06):19-25.

[136] 丛丽娜,孟令国,刘明星,等.海泡石矿物的应用研究进展[J].中国资源综合利用,2008(06):9-11.

[137] 海泡石的应用成果——饲料添加剂[J].地质与勘探,1994(01):26.

[138] Yalçın S, Gebeş E S, et al. Sepiolite as a feed supplement for broilers [J]. Applied Clay Science, 2017, 148: 95-102.

[139] 周时光.朝天海泡石矿的开发利用方向[J].中国非金属矿工业导刊,2000(05):42-45.

[140] 张其春.矿物在饲料中的应用[J].矿产保护与利用,1994(03):39-43+55.

[141] 蒋庚媛.矿物饲料添加剂的前景广阔[J].四川地质学报,1989(3):61-62+60.

[142] 任超鸿.非金属矿物饲料添加剂的应用前景[J].中国地质,1990,000(5):10-12.

[143] 周永强,李青山,韩长菊,等.海泡石的组成、结构、性质及其应用[J].化工时刊,1999(12):7-10.

[144] 朱南山,张彬,王洁.海泡石在畜禽生产中的应用[J].广东饲料,2005(06):36-38.

[145] 唐绍裘.海泡石的组成,结构,性能及其在陶瓷工业中的应用研究[J].硅酸盐通报,1989(04):77-86.

[146] 曹声春,杨礼嫦,彭峰,等.Ni-海泡石催化剂的热稳定性和抗毒性[J].催化学报,1995(04):308-311.

[147] 武致,罗来涛,邓庚凤,等.海泡石-Al_2O_3混合载体对铂催化剂环己烷脱氢反应的影响[J].工业催化,2001(06):45-48.

[148] 贺洋,郑水林,沈红玲.纳米TiO_2/海泡石复合粉体的制备及光催化性能研究[J].非金属矿,2010,33(01):67-69.

[149] 甘草. 什么是无碳复写纸 [J]？印刷技术，1994 (8)：15.

[150] 刘仁庆. 特种纸讲座（连载1）特种纸的概念 [J]. 湖北造纸，2004 (02)：23-24.

[151] 丁德宝. 海泡石矿物与炭黑协调补强三元乙丙橡胶的制备与性能研究 [D]. 天津：河北工业大学，2017.

[152] 任碧野，罗北平，徐颂华. 海泡石的表面有机改性及其对橡胶的补强 [J]. 化学世界，1997 (11)：563-566.

[153] 毛麒瑞. 新型橡胶补强剂——海泡石 [J]. 化工矿物与加工，1999 (12)：39.

[154] 郭静，院国保，张烨. PP/PS-海泡石插层纳米复合材料的流变性能与形态结构 [J]. 合成树脂及塑料，2011，28 (03)：55-57＋61.

[155] 吴娜，刘国胜，杨荣杰，等. 改性海泡石对聚丙烯复合材料性能的影响 [J]. 塑料科技，2012，40 (07)：35-38.

[156] 闫永岗，韦平，王仕峰，等. 海泡石对聚丙烯复合材料的协效阻燃作用研究 [J]. 工程塑料应用，2014，42 (05)：80-83.

[157] 石彪. 海泡石填充 LDPE 的研究 [J]. 塑料加工，2002，035 (004)：32-34.

[158] 戈明亮. 海泡石填充聚丙烯的性能研究 [J]. 塑料科技，2009，37 (04)：51-54.

[159] 徐媛媛. 凹凸棒粘土对水溶性染料的脱色作用研究 [D]. 无锡：江南大学，2007.

[160] 赵萍，姚莹，林峰，等. 凹凸棒石改性方法及其应用现状 [J]. 化工生产与技术，2006 (05)：47-49＋55＋3.

[161] 丁建峰. 基于壳聚糖的薄膜制备及应用研究 [D]. 安宁：西北师范大学，2011.

[162] 詹庚申，肖书明，郑茂松，等. 江苏凹凸棒石粘土资源开发利用现状与前景 [C]. 南京：地球科学与社会可持续发展——2005 年华东六省一市地学科技论坛，2005：348-356.

[163] 梁丽珠. 磁性和氨基功能化凹凸棒石对 Cr（Ⅵ）的吸附作用研究 [D]. 马鞍山：安徽工业大学，2016.

[164] 张煜，杨成武，曹建新，等. 凹凸棒粘土的吸附特性及应用研究进展 [J]. 现代机械，2009 (03)：94-96.

[165] 赵旭，袁忠勇. 凹凸棒石粘土的改性处理和应用研究进展 [J]. 洛阳师范学院学报，2009，28 (05)：1-10.

[166] 周济元，崔炳芳. 国外凹凸棒石粘土的若干情况 [J]. 资源调查与环境，2004 (04)：248-259.

[167] 郑茂松，王爱勤，詹庚申. 凹凸棒石黏土应用研究 [J]. 兰州：环境材料与生态化学研究发展中心，2007.

[168] Presnall S H, Haynal R J, Slimp B B, et al. Removal of aromatic color bodies from aromatic hydrocarbon streams [P]. Patent and Trademark Office, 1993.

[169] Boki K, Mori H, Kawasaki N. Bleaching rapeseed and soybean oils with synthetic adsorbents and attapulgites [J]. Journal of the American Oil Chemists' Society, 1994, 71 (6)：595-601.

[170] 刘元法，王兴国. 凹凸棒石吸附剂吸附特征及其在油脂脱色过程中的应用研究 [J]. 中国油脂，2006 (09)：27-30.

[171] 沈彩萍，汤庆国，梁金生，等. 改性凹凸棒石对棕榈油的脱色研究 [J]. 非金属矿，2008 (04)：45-47＋61.

[172] 周伟，杜卫刚，许干. 改性凹凸棒土处理含铜废水的研究 [J]. 四川化工，2007，10 (3)：43-45.

[173] 胡涛，张强华，李东，等. 改性凹凸棒石黏土处理含氟废水研究 [J]. 非金属矿，2006，29 (3)：52-55.

[174] 彭书传，王诗生，陈天虎，等. 坡缕石对水中亚甲基蓝的吸附动力学 [J]. 硅酸盐学报，2006 (06)：733-738.

[175] 王瑛，谢刚，赵霞. 有机改性凹凸棒土吸附微污染水中苯酚的试验研究 [J]. 兰州理工大学学报，2006 (04)：74-77.

[176] 齐治国，史高峰，白利民. 微波改性凹凸棒石黏土对废水中苯酚的吸附研究 [J]. 非金属矿，2007 (04)：56-59.

[177] 唐方华.两种粘土材料对^{137}Cs吸附特性的研究[J].核技术,1997(03):52-56.

[178] 宋金如,龚治湘,罗明标,等.凹凸棒石粘土吸附铀的性能研究及应用[J].华东地质学院学报,1998(03):66-73.

[179] 王金明,易发成.改性凹凸棒石对模拟核素Sr^{2+}的吸附性能的研究[J].水处理技术,2006(10):25-28.

[180] 王金明,易发成.改性凹凸棒石表征及其对模拟核素Cs^+的吸附研究[J].非金属矿,2006(02):53-55.

[181] 张印民,刘钦甫,刘威,等.我国凹凸棒石粘土应用研究现状[J].中国非金属矿工业导刊,2010(03):18-20.

[182] 荣峻峰,景振华,洪晓宇.粘土矿物用于乙烯聚合催化剂的研究Ⅱ.凹凸棒石粘土微球负载$MgCl_2$/THF/$TiCl_4$制备乙烯聚合催化剂[J].石油化工,2004(01):28-32.

[183] 陈天虎,史晓莉,彭书传.凹凸棒石-TiO_2纳米复合材料制备和表征[J].硅酸盐通报,2005(01):112-114.

[184] 梁敏,孙世群,彭书传,等.凹凸棒负载型TiO_2光催化剂的制备及改性研究[J].合肥工业大学学报(自然科学版),2009,32(02):145-149.

[185] 张彦灼,任珺,陶玲,等.凹凸棒石粘土的物化性质研究进展[J].中国非金属矿工业导刊,2013(01):24-26+47.

[186] 田兰兰,张利权,李清林,等.季铵盐改性有机凹凸棒石的制备与表征研究[J].广州化工,2018,46(22):35-37+52.

[187] 曲成东,田明,冯予星,等.凹凸棒土/聚合物复合材料研究进展[J].合成橡胶工业,2003(01):1-4.

[188] 彭书传.凹凸棒石粘土橡胶填料改性研究[J].非金属矿,1998(01):15-16.

[189] 王益庆,张立群,张慧峰,等.凹凸棒土/橡胶纳米复合材料结构和性能研究[J].北京化工大学学报(自然科学版),1999(03):25-29.

[190] 钱运华,金叶玲,陈振国.凹凸棒石粘土填充聚丙烯的研究[J].非金属矿,1998(02):23-24.

[191] 戴兰宏.凹凸棒增强聚丙烯复合材料冲击断裂韧性的研究[J].高压物理学报,1996(01):64-69.

[192] 王平华,徐国永.PE-LD/凹凸棒土纳米粒子复合材料的制备与性能研究[J].中国塑料,2004(03):18-21.

[193] 田明,曲成东,刘力,等.凹凸棒石/茂金属聚烯烃复合材料的结构与性能[J].中国塑料,2002(03):28-31.

[194] 黄荣强,阚绍娟.我国膨润土资源开发应用现状[J].西部资源,2010(05):36-38.

[195] 雷东升.膨润土有机凝胶的制备与特性的研究[D].武汉:武汉理工大学,2006.

[196] 李静静.锂基蒙脱石的制备、性能及应用研究[D].青岛:山东科技大学,2007.

[197] 于桂香,张德金.膨润土及其开发利用[J].辽宁化工,1994(02):23-26+6.

[198] 袁建民.粘土矿物对重金属离子的吸附能力研究[D].石家庄:河北地质大学,2018.

[199] 平仙隐.钙基膨润土的改性研究[D].福州:福州大学,2004.

[200] 刘鹏君.膨润土理化性能对铁矿球团质量影响的研究[D].唐山:河北理工大学,2006.

[201] 巴达玛日嘎,安妮.煅烧高岭土在建筑涂料中的应用[J].科技视界,2014(03):116.

[202] 孟玲,徐淑娟,桂玉梅.焙烧高岭土微球特性的研究[J].中国西部科技,2012,11(07):62-64.

[203] 陈专,蔡广超,马驰,等.高岭土的性质及应用[J].大众科技,2013,15(07):90-93+105.

[204] 王新震.插层聚合法制备高岭石/聚丙烯酰胺保温涂层的研究[D].西安:陕西科技大学,2010.

[205] 吴自强,吴昱.高岭土晶体的结构、性质及其在涂料工业中的应用[J].中国涂料,1995(06):45-46+50.

[206] 宋宝祥.高岭土在造纸工业中的开发应用及前景[J].非金属矿,1997(01):13-19+67.

[207] 李娜,王凡,赵恒,等.伊利石矿物的主要应用领域述评[J].中国非金属矿工业导刊,2012(02):32-36.